国投电力
SDIC POWER

U0662173

发电企业
生态环境保护
管理指南

国投电力控股股份有限公司　编

中国电力出版社
CHINA ELECTRIC POWER PRESS

内 容 提 要

　　"十四五"以来，全国发电装机稳步提升，各类发电形式层出不穷。与此同时，国家对于生态环境保护的要求不断升高，而发电行业正是节能、减排、降碳的重点领域。为了进一步提升发电企业环保管理人员知识技能水平，满足各类发电形式环保管理要求，国投电力控股股份有限公司（简称国投电力）结合本企业实际情况，编制了《发电企业生态环境保护管理指南》，供各类发电企业使用或参考。

　　本书从项目前期、建设期、运营期、停运后四个阶段对环保管理要素进行拆分讲解，从工作流程、工作模块等角度帮助环保管理人员快速上手，还结合本企业在节能环保管理工作当中发现的重难点、易遗漏点进行阐述说明，形成了一本可供环保管理人员便捷参考的指导手册。

图书在版编目（CIP）数据

　　发电企业生态环境保护管理指南 / 国投电力控股股份有限公司编. —北京：中国电力出版社，2023.12
　　ISBN 978-7-5198-8415-4

　　Ⅰ.①发… Ⅱ.①国… Ⅲ.①发电厂－生态环境保护－指南 Ⅳ.① X773-62

　　中国国家版本馆 CIP 数据核字（2023）第 231508 号

出版发行：中国电力出版社
地　　址：北京市东城区北京站西街 19 号（邮政编码 100005）
网　　址：http://www.cepp.sgcc.com.cn
责任编辑：畅　舒（010-63412312）
责任校对：黄　蓓　马　宁
装帧设计：赵丽媛
责任印制：吴　迪

印　　刷：北京九天鸿程印刷有限责任公司
版　　次：2023 年 12 月第一版
印　　次：2023 年 12 月北京第一次印刷
开　　本：880 毫米 ×1230 毫米　32 开本
印　　张：4
字　　数：74 千字
印　　数：0001—1000 册
定　　价：48.00 元

编委会

主　编　丁　一　宋　威

参　编　王胜利　王继安　李　斌　蒋　雷　陈　超

莫　宇　张朝向　宋以兴　邓智充　韩光美

王　博　李大江　杨兆辉　彭庆庆　冯智宇

冯丛丛　林建维　罗　帆　李至鹜　张令祥

王　骞　童小彬　周琼芳　刘健华　刘　丽

冯　祥

近年来，我国生态环境保护发生了历史性、转折性、全局性的变化，生态环境保护在社会进步进程中扮演了更加重要的角色。对于发电企业来说，在新形势下也同样面临着更加严格、更加规范、更加细致的环保管理要求。

对于不同类型的发电企业来说，面临的环保管理风险和管控要素均存在较大差别。火电企业（主要指燃煤发电）的环保风险主要在运营期，需要做好烟气长期稳定的达标排放，在二氧化硫、氮氧化物、烟尘等方面都有严格的排放标准，除此以外还要关注机组运行过程中产生的各种废水的处理，确保合规排放。一般工业固废是燃煤火电机组在生产过程中伴随产生的物质，例如粉煤灰，需将其资源化、合理化利用。火电项目一般还会被列为重点排污单位，因此要在实际排污前取得项目排污许可证，严格执行"持证排污，按证排污"。水电企业的环保管理风险主要来自立项期的分析论证。水电站的开发建设会对天然河流的水位、流速、流量、泥沙、河势等水文要素产生影响，水文过程又与水质，物种分布及栖息地条件，水生态系统组织、结构和功能等有着密切的关系，协调好水电站开发建设与自然的关系，有利于水电开发建设走上可持续发展的道路。因此，在项目立项期需对工程对环境造成的不利影响做好研判，针对性做好项目设计。大力开发新能源是应对气候变化、促进能源可持续发展的重要举措。整体来看，新能源环保管理重点集中在前期论证，例如需关注项目是否符合"三线一单"要求，是否对于林地、水源、植被等造成重大影响或破坏。

本书在编写时，统筹考虑火电、水电、新能源等各类发电企业特点，结合国家、行业法律法规，以及国投电力在生态环保管理当中积累的经验，在项目前期、建设期、运营期、停运后四个阶段对环保管理的各主要工作进行了讲解与分析。对各阶段关注重点有针对性地提出了一些工作建议，适用于发电企业从事生态环境保护管理的工作人员。

本书在编制过程中，得到了雅砻江流域水电开发有限公司、天津国投津能发电有限公司、国投钦州发电有限公司、国投云顶湄洲湾电力有限公司、国投盘江发电有限公司、国投云南大朝山水电开发有限公司、国投甘肃小三峡发电有限公司、国投甘肃新能源有限公司、国投新疆新能源有限公司、国投广西新能源发展有限公司的大力支持，在此表示感谢。

希望各发电企业生态环境保护管理人员在使用本书的过程中不断提出宝贵意见，以便进一步完善。

编　者

2023 年 11 月

名词解释

1. **施工迹地** ⋯ 是指施工过程中因临时道路、临时料场以及临建施工等原因导致地表植被、原有地貌被破坏，还未重新恢复的临时施工用地。

2. **环保风险** ⋯ 是指在项目前期、基本建设及生产经营过程中产生违反生态环境保护法规政策和造成环境污染、生态破坏等环境问题的可能。

3. **环保隐患** ⋯ 是指由于风险防控不到位而可能造成环境污染、生态破坏或通报处罚等事件的发生、管理上的缺陷或者物的危险状态。

4. **企业主要负责人** ⋯ 是指依照法律、行政法规规定代表非法人单位行使职权的负责人。

5. **突发环境事件** ⋯ 是指由于污染物排放或自然灾害、生产安全事故等因素，导致污染物或放射性物质等有毒有害物质进入大气、水体、土壤等环境介质，突然造成或可能造成环境质量下降，危及公众身体健康和财产安全，或造成生态环境破坏与重大社会影响，需要采取紧急措施予以应对的事件。

6. **环境风险单元** ⋯ 是指长期地或临时地生产、加工、使用或储存风险物质的一个（套）装置、设施或场所，或同属一个企业的且边缘距离小于 500m 的几个（套）装置、设施或场所。

7. 环境风险受体 ⟫ 是指在突发环境事件中可能受到危害的企业外部人群、具有一定社会价值或生态环境功能的单位或区域等。

8. 重污染天气 ⟫ 是指根据 HJ633—2012《环境空气质量指数（AQI）技术规定（试行）》，环境空气质量指数（AQI）大于 200 的大气污染，分为重度污染（AQI 指数为 201~300）和严重污染（AQI 指数大于 300）两级。

9. 生态环境损害 ⟫ 是指因污染环境、破坏生态造成大气、地表水、地下水、土壤、森林等环境要素和植物、动物、微生物等生物要素的不利改变，以及上述要素构成的生态系统功能退化。

10. 环保电价 ⟫ 是指燃煤发电企业环保设施运行满足国家和地方规定的污染物排放限值要求，执行脱硫、脱硝和除尘电价补贴政策。

11. 超低排放电价 ⟫ 是指燃煤发电企业大气污染物排放浓度基本符合燃气机组排放限值要求，执行超低排放电价补贴政策。

12. 环境保护税 ⟫ 是指企业生产过程中向环境排放污染物应按征收标准规定缴纳相应的税额。

13. 海域使用金 ⟫ 是指国家以海域所有者身份依法出让海域使用权，而向取得海域使用权的单位和个人收取的权利金。

14. 排污权 ▷▷▷ 是指排污单位经核定、允许其排放污染物的种类和数量。

15. 绿色金融 ▷▷▷ 是指为支持环境改善、应对气候变化和资源节约高效利用的经济活动，即对环保、节能、清洁能源、绿色交通、绿色建筑等领域的项目投融资、项目运营、风险管理等所提供的金融服务。

16. 绿色项目 ▷▷▷ 是指符合绿色低碳发展要求、有助于改善环境，且具有一定环境效益的项目。

17. 绿色贷款 ▷▷▷ 是指银行利用较优惠的利率或者其他条件来支持有环保效益的项目，或者限制有负面环境效应的项目，通过经济杠杆来实现环保调控、促进可持续发展的一种信贷政策。

18. 绿色债券 ▷▷▷ 是指募集资金专门用于支持符合规定条件的绿色产业、绿色项目或绿色经济活动，依照法定程序发行并按约定还本付息的有价证券。

19. 绿色基金 ▷▷▷ 是指专门针对节能减排战略、低碳经济发展、环境优化改造项目而建立的专项投资基金。

20. "两高"产业 ▷▷▷ 是指产业链对环境污染严重、能源消耗高的产业。

21. ESG 报告 ▷▷▷ 是指企业社会责任、环境、社会和治理方面的报告，通常包括企业的环境保护、社会责任、治理结构、员工福利、供应链管理、反腐败等方面的信息，旨在向投资者、利益相关者和公众透明地展示企业的 ESG 表现。

22. 企业环境行为 ▷▷▷ 是指企业在生产经营活动中遵守环保法律、法规、规范性文件、环境标准和履行环保社会责任等方面的表现。

23. 企业环境信用评价 ▷▷▷ 是指环保部门根据企业环境行为信息，按照规定的指标、方法和程序，对企业环境行为进行信用评价，确定信用等级，并向社会公开，供公众监督和有关部门、机构及组织应用的环境管理手段。

24. 温室气体 ▷▷▷ 大气中吸收和重新放出红外辐射的自然和人为的气态成分，包括二氧化碳（CO_2）、甲烷（CH_4）、氧化亚氮（N_2O）、氢氟碳化物（HFCs）、全氟碳化（PFCs）、六氟化硫（SF_6）和三氟化氮（NF_3）等。本指南中的温室气体指二氧化碳（CO_2）。

25. 碳排放 ▷▷▷ 煤炭、石油、天然气等化石能源燃烧活动和工业生产过程以及土地利用变化与林业等活动产生的温室气体排放，也包括因使用外购的电力和热力等所导致的温室气体排放。

26. 碳排放配额 ▷▷▷ 由省级生态环境主管部门组织核定的，允许重点排放单位在本省行政区域一定时期内排放二氧化碳的数量，是碳排放权的凭证与载体，单位以"吨二氧化碳（tCO_2）"计。

27. 固体废物 ▷▷▷ 在生产、生活和其他活动中产生的丧失原有利用价值或者虽未丧失利用价值但被抛弃或者放弃的固态、半固态和置于容器中的气态的物品、物质以及法律、行政法规规定纳入固体废物管理的物品、物质。

28. 工业固体废物 ⋙ 在工业生产活动中产生的固体废物，火电企业产生的固体废物属于能源工业固体废物，主要包括粉煤灰、炉渣、脱硫石膏。

29. 危险废物 ⋙ 列入国家危险废物名录或者根据国家规定的危险废物鉴别标准和鉴别方法认定的具有危险特性的废物。

30. 生态环境风险分级 ⋙ 生态环境风险根据后果严重性评估为低风险、一般风险、较大风险和重大风险四个等级，分别用蓝色、黄色、橙色和红色标识。

31. 生态环境风险识别 ⋙ 生产经营单位组织生态环境保护管理人员、技术人员和其他相关人员对本单位生态环境风险进行识别，并对识别出的生态环境风险，按照生态环境风险的等级进行登记，建立生态环境风险控制清单。

32. 生态环境风险防控 ⋙ 采取各种措施和方法，消灭或减少生态环境风险事件发生的可能性，或者减少生态环境风险事件发生时造成的损失。

33. 生态环境隐患分级 ⋙ 生态环境隐患根据可能造成的危害程度和治理难度，分为一般隐患和重大隐患。

34. 生态环境隐患排查 ⋙ 生产经营单位组织生态环境保护管理人员、技术人员和其他相关人员对本单位生态环境隐患进行排查，并对排查出的生态环境隐患，按照生态环境隐患的等级进行登记，建立生态环境隐患排查治理台账。

35. 生态环境隐患治理 >>> 综合采取各种有效手段，消除或控制生态环境隐患，把生态环境事故事件消灭在萌芽状态。

36. 生态环境保护 >>> 在电力建设及生产全过程做好生态环境保护相关工作，采取有效可行的技术及措施减少污染物排放、减少对生态环境的影响。

37. 排污许可制 >>> 控制污染物排放许可制是依法规范企事业单位排污行为的基础性环境管理制度，环境保护部门通过对企事业单位发放排污许可证并依证监管实施排污许可制。

38. 排污权 >>> 排污权又称排放权，是排放污染物的权利。它是指排放者在环境保护监督管理部门分配的额度内，并在确保该权利的行使不损害其他公众环境权益的前提下，依法享有的向环境排放污染物的权利。有初始排污权和可交易排污权之分。

39. 初始排污权 >>> 是指现有工业排污单位在环境保护行政主管部门核定和分配的额度内，依法取得的重点污染物排放总量控制指标。

40. 可交易排污权 >>> 是指现有工业排污单位采用国家主要污染物总量减排核算细则所认可的减排措施，通过污染治理、技术改造、强化管理、清洁能源替代、集中供热、淘汰或关停等方式，以及集中式水污染治理单位通过提标改造等方式，所削减的可用于交易的重点污染物排放总量控制指标，分为一类可交易排污权和二类可交易排污权。

41. 清洁生产审核 〉〉〉 按照一定程序，对生产和服务过程进行调查和诊断，找出能耗高、物耗高、污染重的原因，提出降低能耗、物耗、废物产生以及减少有毒有害物料的使用、产生和废弃物资源化利用的方案，进而选定并实施技术经济及环境可行的清洁生产方案的过程。

42. 生态环境保护信息公开 〉〉〉 重点排污单位应当开展环境信息公开工作，信息公开内容包括基础信息、排污信息、污染治理设施的建设和运行情况、环评、排污许可、突发环境事件应急预案及自行监测信息等。

43. 自行监测 〉〉〉 按照生态环境保护法律法规要求，为掌握公司的污染物排放状况及其对周边环境质量的影响等情况，组织开展的环境监测活动。

44. CEMS 〉〉〉 烟气排放连续监测系统。英文全名为 continuous emissions monitoring system，简称 CEMS。

目录
CONTENTS

第一章

项目前期与建设期环保管理

第一节　环境影响评价管理

📃 工作介绍

　　环境影响评价管理，是指发电企业在规划、设计阶段对建设项目实施后可能造成的环境影响进行分析、预测和评估，提出预防或者减轻不良环境影响的对策和措施，进行跟踪监测的方法。发电企业环境影响评价管理主要工作内容是根据项目特点和涉及的环境敏感区类别，完成环评报告的编制并确保在项目开工前获得生态环境主管部门审批。

📃 工作内容

1. 环评工作管理类别

　　（1）发电企业按照《建设项目环境影响评价分类管理名录》确定项目评价类别，组织编制项目环境影响报告书、环境影响报告表或者填报环境影响登记表。

　　（2）火力发电和热电联产的项目需编制环境影响报告书；燃气发电、单纯利用余气（含煤矿瓦斯）发电的项目需编制环境影响报告表。

3

（3）总装机 1000kW 及以上的常规水电、抽水蓄能电站、涉及环境敏感区的水电项目需编制环境影响报告书；除以上项目外的项目需编制环境影响报告表。

（4）涉及环境敏感区的总装机容量 5 万 kW 及以上的陆上风力发电项目需编制环境影响报告书；陆地利用地热、太阳能热等发电、地面集中光伏电站（总容量大于 6000kW 且接入电压等级不小于 10kV）需编制环境影响报告表；除以上项目外的项目需填写环境影响登记表。

2. 环评报告书（表）、登记表编制审批

（1）发电企业结合项目开发进度自行组织人员或委托相关专业机构开展环评报告书（表）、登记表编制，并向负责审批建设项目的生态环境主管部门提交审批申请。

（2）发电企业环评报告书（表）编制前一般需要准备项目立项备案文件、可行性研究报告、工程分析资料、环境现状调查与评价资料、环境影响预测与评价分析资料、环境保护措施及其可行性论证资料、环境影响和保护措施等材料。

（3）发电企业环评报告书（表）编制主要内容一般包含项目背景、编制依据、建设地点、建设规模、主要工程组成、项目总投资及环保投资、建设内容与工程量、工程施工布置及占地情况、项目选址的合理性、产业政策符合性、公用工程、总平面布置分析等方面内容。

（4）在环评报告书（表）审批环节，由发电企业向负责

审批建设项目的生态环境主管部门提交审批申请，由主管部门组织审查和专家踏勘，发电企业根据主管部门审查意见进行补充修改，经主管部门最终审查通过后下发批复文件。

📝 工作要点

（1）发电企业在确定项目选址、布局和规模等后，可尽快组织开展环评编制工作，避免影响后期工程开发进度。

（2）发电企业编制的环评报告书（表），最迟应在开工前取得批复；填报环评登记表的，应在投运前完成备案。

（3）发电企业应重点关注报告书（表）中对项目所在地"三线一单"及相关生态环境保护法律法规政策、生态环境保护规划的符合性分析材料。

（4）发电企业环评报告书（表）中拟采用的措施应与项目实际情况匹配，避免出现相关措施无法落实的情形。

（5）发电企业环评报告书（表）在送审前建议组织开展内部评审，针对报告书（表）完整性、与可行性研究报告的匹配性、涉及需投入的费用等相关内容进行审核。

（6）发电企业应做好环评报告（表）送审版、报批版材料存档工作，避免出现文档无法追溯的问题。

法规标准

（1）《中华人民共和国环境保护法》；

（2）《中华人民共和国环境影响评价法》；

（3）《建设项目环境保护管理条例》；

（4）《建设项目环境影响评价分类管理名录》；

（5）HJ2.1《建设项目影响评价技术导则　总纲》。

第二节　施工环保管理

📖 工作介绍

　　施工环保管理是指基建工程从"五通一平"到临建施工、基础开挖、土建施工、设备安装、调试试运等全过程的环保管理工作。施工环保管理的要点是切实做到"三同时"以及环评及批复意见的落实执行。

📋 工作内容

1. 大气污染防治

（1）发电企业应重点对施工扬尘污染进行防治管理，可通过减少扰动面积、尽快浇筑及时回填，土方堆放及时苫盖篷布，缩短裸露时间，车辆限速、经常洒水以及禁止大风天气施工等措施减少扬尘污染。

（2）发电企业应对施工废气污染进行防治管理，可通过禁止使用尾气排放不达标的机动车辆，局部区域施工废气严重超标时调整作业方式等措施予以管控。

2. 水污染防治

（1）发电企业应对砂石料冲洗废水进行污染防治管理。砂石料冲洗废水可采用混凝沉淀法进行处理，废水经过混凝沉淀，泥浆脱水干化后运至弃渣场，出水用于洒水或补充回用水。

（2）发电企业应对机械清洗废水进行污染防治管理。机械清洗废水可经隔油沉淀池处理，回收浮油后用于洒水降尘。

（3）发电企业应对基坑排水进行污染防治管理。基坑排水一般由降水、渗水和施工用水组成，可直接投加絮凝剂，静置一段时间后抽出用于洒水降尘。

（4）发电企业应对生活污水进行污染防治管理。生活污水可通过地埋式一体化污水处理装置进行处理达标后用于洒水降尘，或收集后清运至污水处理单位进行统一处理。

（5）发电企业应禁止将渣土和临时弃土倾倒、堆放在水体旁边，建材堆场、材料加工场应尽量远离河流、沟渠等地表水体，避免污染地表水。

3. 噪声污染防治

（1）发电企业应对施工机械噪声污染进行防治管理，可通过制定科学合理的施工计划，尽量避免夜间作业、避免大量机械设备聚集造成局部声级过高以及采用低噪声施工设备，定期维护保养动力机械设备等措施减少噪声污染。

（2）发电企业应对运输车辆噪声污染进行防治管理，可通过加强运输车辆管理，合理规划运输路线，尽量远离生活聚集区等措施减少噪声污染。

4. 固废污染防治

发电企业应对施工过程中产生的弃土、生活垃圾、建筑垃圾分类存放。弃土尽量用于回填或场地平整；生活垃圾定期清运，通过集中填埋、焚烧或生物转化等方式进行处理；建筑垃圾尽量回收利用，不能回收利用的定期清运至当地政府指定场地。

5. 生态保护管理

（1）发电企业应对施工过程中可能导致的地表植被破坏进行防治管理，可采用划定施工区域、控制施工范围尽量减少扰动面积，合理规划运输路线等措施减少地表植被破坏。

（2）发电企业应对施工过程中可能导致的陆生、水生动植物影响进行防治管理，可通过加强生态保护宣传教育提高施工人员的生态保护意识，通过明令禁止非法猎捕野生动物、采摘野生植物，禁止废水入河（渠）保护水体水质等措施减少对动植物的影响。

（3）发电企业应对施工过程中可能导致的水土流失进行防治管理，可采用布设临时排水、拦挡、苫盖等设施，及时做好施工迹地生态恢复和永久道路以及厂区的硬化等措施减少水土流失。

6. 环境监测管理

发电企业在施工期应根据环评及批复要求定期组织开展水环境、空气环境、声环境、土壤环境、生态、水土流失等的监测，不满足有关要求的须及时进行整改，并出具监测报告、留存归档。

7. 环保监督检查

发电企业应定期组织开展施工期环保专项检查。重点检查环保"三同时"执行情况，环评及批复要求是否落实到位，是否存在环境污染风险及隐患，施工人员是否掌握环保措施和突发环境事件应急处置办法等。

8. 设备调试试运

发电企业应组织制定环保设备设施调试试运方案，明确调试方法、标准以及步骤。环保设备设施调试应按照单体调试、系统调试和整套试运三个步骤进行，原则上在完成上一阶段调试且试验结果满足设计要求、确认已实现阶段目标和环保管理要求后，方可进行下一阶段的调试工作。环保设备设施调试记录应齐全，调试数据应翔实。

📝 管理要点

（1）发电企业应定期审核施工过程中环保监理日志、监理联系单和定期报告等，以及涉及环保的验收记录等，充分发挥环保监理的作用。

（2）发电企业应结合工程实际，编制具有针对性的突发环境事件应急预案，并定期组织演练。

（3）弃渣场应严格限定堆渣范围，剥离的表层腐殖土和开挖的临时弃渣应分开堆放，弃料堆放高度不应超标，并进行苫盖防护。弃渣场为堆放施工挖方以及建筑垃圾的场所，禁止将生活垃圾、危险废物等堆放于弃渣场。

（4）发电企业应重点关注环保设备设施数量及出力是否满足实际需求，定期检查环保设备设施在施工期的运维费用是否有持续性投入，防止建而不用或配而不用。

（5）发电企业应结合工程施工、运行特点和周围环境敏感点分布情况等开展环境监测。应选择对环境影响大的、有代表性的以及对区域或流域影响起控制作用的主要因子进行监测。环境监测尽量利用附近现有监测机构、监测断面（点），力求以较少的投入获得较完整的环境监测数据。

📋 法规标准

（1）《中华人民共和国环境保护法》；

（2）《中华人民共和国环境影响评价法》；

（3）《中华人民共和国水污染防治法》；

（4）《中华人民共和国大气污染防治法》；

（5）《中华人民共和国环境噪声污染防治法》；

（6）《中华人民共和国固体废物污染环境防治法》；

（7）《中华人民共和国水土保持法》；

（8）《建设项目环境保护管理条例》；

（9）DB 32/4041《大气污染物综合排放标准》；

（10）DB 45/2413《农村生活污水处理设施水污染物排放标准》；

（11）GB 12523《建筑施工场界环境噪声排放标准》；

（12）GB 18599《一般工业固体废物贮存和填埋污染控制标准》。

第三节　排污许可申请管理

📖 工作介绍

　　排污许可是指生态环境主管部门根据发电企业的申请和承诺，通过发放排污许可证等法律文书形式，依法规范和限制排污行为，明确环境管理要求，依据排污许可证等对发电企业实施监管执法的"一证式"环境管理制度。发电企业项目建设期排污许可申请管理的主要内容是排污许可的申请与核发。

📖 工作内容

1. 排污许可管理类别

排污许可实行分类管理，根据新建项目污染物产生量、排放量及对环境的影响程度由大到小分别实行重点管理、简化管理和登记管理，属于重点和简化管理的发电企业应当申请排污许可证，属于登记管理的发电企业应当执行排污许可登记，具体应当按照《固定污染源排污许可分类管理名录》对新建项目所属行业类别和设施工序的基本分类来确定排污许可管理类别。未纳入《固定污染源排污许可分类管理名录》的发电企业，是否需要纳入排污许可管理以及其管理类别由生态环境主管部门确定。

2. 排污许可申请

申请时限

新建排污项目的发电企业在取得环境影响评价审批备案后，环保管理人员应当在项目启动生产设施或者发生实际排污行为之前，通过全国排污许可证管理信息平台向其生产经营场所所在地生态环境主管部门或审批机构提出排污许可申请。

申请数量

对于有两个以上生产经营场所的发电企业，应当按照生产经营场所分别申请取得排污许可；对于在同一场所从事《固定污染源排污许可分类管理名录》中两个以上行业生产经营的发电企业，申请一张排污许可证即可；对于与其他企业在同一经营场所的发电企业，应当单独申请取得排污许可，不得与其他企业合并申请。

| 准备工作 |

对于需要申请排污许可证的发电企业，应提前完成排污口规范化建设，并按照自行监测技术指南编制自行监测方案，详细说明监测点位、指标、频次、采样分析方法及质控要求等。对于属于排污许可重点管理的发电企业，在提出申请前需通过信息平台公开本单位基本信息、承诺书及拟申请许可事项的说明材料，公开时间不得少于五个工作日；对于通过排污权交易或污染物排放量削减替代获得总量指标的新建项目，发电企业还应在提交排污许可证申请前完成交易或通过替代认证先行获取总量指标。

| 申请提报 |

实行登记管理的发电企业应当在信息平台排污登记模块填报排污登记表，如实登记基本信息、污染物排放去向、执行的污染物排放标准以及采取的污染防治措施等相关信息，在提交登记表后可即时下载登记回执留存。

对于需要申请排污许可证的发电企业，应当在信息平台许可证申请模块填报排污许可证申请表，如实登记企业基本情况、废水废气及固废等污染物排放信息、污染防治设施基本信息、生产设施及产污环节等相关信息，并在上传自行监测方案、建设项目环境影响报告书（表）批准文件等相关材料后提交申请。

3. 排污许可审批

在提交排污许可申请后，发电企业环保管理人员应定期关注生态环境主管部门的审批进度，及时补交相关材料或配合现场核查。在接到排污许可申请通过审批的通知时，及时领取纸版证书，组织企业内部培训学习。

📝 管理要点

（1）环境影响评价是建设项目的环境准入门槛，是申请排污许可证的前提和重要依据。排污许可证（登记）是发电企业生产运营期排放污染物的法律依据，是确保环境影响评价提出的污染防治设施和措施落实落地的重要保障。

（2）排污许可管理与环境影响评价是紧密衔接的，其分类管理等级也是相互对应的。在项目建设期降级申报备案等同于"未批先建"和"无证排污"，发电企业环保管理人员在申请排污许可前应谨慎确认管理等级，按照管理分类对等申请许可形式。

（3）发电企业应当依法持有排污许可证（登记），并按照排污许可证（登记）的规定排放污染物，即应当"持证排污、按证排污"。应当依法取得排污许可证（登记）而未取得的发电企业，不得排放污染物。

（4）建设项目无证排污或不按证排污的，发电企业对该项目验收时不得出具验收合格的意见，即应当按照"先持证、再试生产、最后通过验收"的顺序实施建设项目的环境管理。

（5）发电企业禁止排放未经取得排污许可的污染物，排污许可证中未许可的污染物或排放污染物时排污许可证已过期的等同于"无证排污"。

（6）出现"无证排污"的发电企业及其相关责任人将受到行政处罚或行政拘留，其违法违规情况将纳入社会诚信系统，造成严重后果。

（7）对于实行登记管理的发电企业，因生产规模扩大、污染物排放量增加等情况依法需要申领排污许可证的，应在排污情况发生变化前申请取得排污许可证，并注销排污登记表；对于已具有排污许可证且在有效期内的发电企业，在实施新建、改建、扩建排放污染物的项目投产前或污染物排放情况发生重要变化前，应当重新申请取得排污许可证。

📋 法规标准

（1）《中华人民共和国环境保护法》；

（2）《中华人民共和国水污染防治法》；

（3）《中华人民共和国大气污染防治法》；

（4）《中华人民共和国固体废物污染环境防治法》；

（5）《中华人民共和国环境保护税法》；

（6）《排污许可管理条例》（中华人民共和国国务院令 第736号）；

（7）《排污许可管理办法（试行）》；

（8）《固定污染源排污许可分类管理名录》；

（9）HJ 942《排污许可证申请与核发技术规范 总则》；

（10）《火电行业排污许可证申请与核发技术规范》（环境保护部 环水体〔2016〕189号）；

（11）HJ 1200《排污许可证申请与核发技术规范 工业固体废物（试行）》；

（12）HJ 819《排污单位自行监测技术指南 总则》；

（13）HJ 820《排污单位自行监测技术指南 火力发电及锅炉》；

（14）《排污口规范化整治技术要求（试行）》（国家环保局 环监〔1996〕470号）。

第四节 环保验收管理

📖 工作介绍

环保验收是指，编制环境影响报告书（表）的建设项目竣工后，发电企业对配套建设的环境保护设施自主开展环境保护验收。主要包括 CEMS 验收、先期验收、超低排放验收、蓄水环保验收等专项验收和竣工环保验收，不同类型发电企业按需组织环保验收。

📋 工作内容

1. 专项验收

CEMS 验收

火电企业依据固定污染源烟气排放连续监测相关技术规范要求完成 CEMS 安装、调试检测，及生态环境主管部门联网后开展自主 CEMS 技术指标验收和联网验收。验收完成后，应按照属地生态环境主管部门的规定完成 CEMS 验收备案。

脱硫、脱硝、除尘设施先期验收

火电企业应在发电机组满负荷运行测试后，委托有资质的监测机构开展脱硫、脱硝、除尘设施先期验收监测。出具监测报告后，火电企业应参照《关于做好燃煤发电机组脱硫、脱硝、除尘设施先期验收有关工作的通知》要求，分机组向生态环境主管部门申请先期验收或组织自主先期验收。完成验收后，火电企业应向建设项目环评审批的生态环境主管部门备案。

火电企业通过先期验收备案后，应关注省级生态环境主管部门是否将批复文件函告省级价格主管部门，省级价格主管部门是否通知电网企业执行相应的环保电价加价。待收到省级价格主管部门发布确认建设项目环保电价的通知后，建设项目的先期验收完成。

| 超低排放验收 |

火电企业应在发电机组满足属地省级生态环境主管部门规定的超低排放验收条件后，委托有资质的监测机构开展超低排放验收监测。出具监测报告后，火电企业应根据属地省级生态环境主管部门对超低排放验收的有关规定，分机组向生态环境主管部门申请超低排放验收或组织自主超低排放验收。完成验收后，火电企业应向生态环境主管部门备案。

火电企业通过超低排放验收备案后，应关注省级生态环境主管部门是否函告省级价格主管部门、省级价格主管部门是否通知电网企业执行相应的超低排放电价加价。待收到省级价格主管部门发布确认建设项目超低排放电价的通知后，建设项目的超低排放验收完成。

| 蓄水环保验收 |

水电企业在满足水电工程蓄水阶段环保验收条件后，首先组织开展蓄水环保验收准备工作，应包括验收工作方案、资料准备和现场准备。随后组织开展验收调查工作，主要包括工程调查、环保要求复核、环保措施调查、环境影响调查、环境管理调查、环境监测调查、公众意见调查、结论与建议、技术评审。最后组织开展现场验收工作，应包括现场检查、资料核查、验收会议。验收会议上宣布验收意见，验收意见应明确总体结论、改进意见和后续工作要求。

2. 竣工环保验收

（1）建设项目竣工后，发电企业应当自主或委托有能力的技术机构编制项目验收监测（调查）报告。

（2）建设项目验收监测（调查）报告编制完成后，发电企业应组织竣工验收会议并成立验收专家组，专家组根据验收监测（调查）报告结论，提出验收意见。存在问题的，发电企业应进行整改。

（3）发电企业应在项目配套的环保设施竣工后，公开竣工日期；环保设施调试前，公开调试的起止日期；竣工验收报告编制完成后5个工作日内，公开验收报告，公示期限不少于20个工作日。上述信息应通过企业网站或其他便于公众知晓的方式进行公示。

（4）验收报告公示期满后5个工作日内，发电企业应当登录全国建设项目竣工环境保护验收信息平台，填报建设项目基本信息、环境保护设施验收情况等相关信息，生态环境主管部门对上述信息予以公开。发电企业应当将验收报告以及相关资料存档备查。

📝 工作要点

（1）本节提及的环保验收，并非所有类型的发电企业均需要执行。各发电企业环保管理人员应进行针对性的识别，以确定各自企业应执行的验收项目。

（2）CEMS验收是先期验收、超低排放验收及竣工环保验收的前置条件，且CEMS验收完成后在线监测数据方可认定为有效数据。因此，火电企业环保管理人员应重点关注

CEMS 验收的流程及时间节点，力争尽早完成 CEMS 验收，从而获得脱硫、脱硝、除尘设施环保电价、超低排放电价补贴。

（3）发电企业环保管理人员应在项目调试前，对各类环保验收进行梳理。熟悉各类验收的前置条件、先后顺序，以便各专项验收的统筹策划，最大限度地缩短所有环保验收所需的时间。如 CEMS 联网验收的前置条件之一是与生态环境主管部门联网后稳定运行一个月，在这一个月期间后续的先期验收、超低排放验收所需要满足的机组运行负荷率、煤种、连续运行时间等前置条件应同步安排。

（4）如委托第三方机构开展监测工作，环保管理人员不仅要关注其是否具有检验检测机构资质（CMA）证书且在有效期，更要注意的是其 CMA 证书登记的检验检测能力范围是否能全部覆盖所需要监测的全部项目。

（5）水电企业应在满足工程蓄水要求、相应库区工程完成、移民搬迁和库区清理完毕、环保设施同步建设、受蓄水影响的环保及水保设施完成、蓄水过程中生态流量泄放方案已确定并能够落实的情况下组织蓄水阶段环保验收。

（6）水电工程蓄水阶段环境保护验收应复核环境保护政策、环境敏感区、环境保护目标、工程方案及环境保护设施的变化情况，明确环境管理任务，检查环境保护措施"三同时"落实情况，验证环境保护设施运行效果，对后续环境管理、环境保护措施落实提出改进意见和建议。

📋 法规标准

（1）《建设项目环境保护管理条例》（中华人民共和国国务院令　第682号）；

（2）《关于做好燃煤发电机组脱硫、脱硝、除尘设施先期验收有关工作的通知》（环办〔2014〕50号）；

（3）《建设项目竣工环境保护验收暂行办法》（国环规环评〔2017〕4号）；

（4）HJ/T 255《建设项目竣工环境保护验收技术规范　火力发电》；

（5）HJ/T 394《建设项目竣工环境保护验收技术规范　生态影响类》；

（6）《建设项目竣工环境保护验收技术指南　污染影响类》（生态环境部　公告2018年第9号）；

（7）NB/T 10130《水电工程蓄水环境保护验收技术规程》。

第二章

项目运营期环保管理

第一节　环保管理体系建设

🔲 工作介绍

　　环保管理体系是指发电企业为贯彻落实习近平生态文明思想，规范环保管理工作，建立生态环境保护领导小组、生态环保三级管理网络等组织架构，保障生态环保各项工作顺利推进。同时发电企业结合国家法律法规和上级企业要求，制定包括生态环保职责、污染控制、环境监测、环境风险管控等各项环保管理制度、规定，贯彻执行落实污染防控措施，保证企业污染物合规排放。

🔲 工作内容

1. 生态环保管理组织体系

　　（1）发电企业应建立与生产经营相适应的生态环保组织体系，成立生态环境保护领导小组、双碳工作领导小组，两者可以合并，也可以分开设立。负责本企业生态环境保护、双碳工作，研究决定相关重大事项，建立工作制度和例会制度。

　　（2）发电企业应建立企业、部门（车间）和班组的生态环境保护管理三级网络，明确专兼岗位责任，形成"专管成线、群管成网"的组织保障体系。

（3）火电企业应设置专职环保管理岗位，水电及新能源企业应设置专职或兼职环保管理岗位。发电企业生态环境保护管理人员应具备生态环境保护专业知识和生产工作经验。

2. 生态环保管理制度体系

发电企业应建立生态环境保护管理制度体系，覆盖生态环境保护各方面、各要素，制度数量可根据发电企业实际情况设置。

（1）发电企业应建立生态环境保护管理制度，明确生态环保管理组织机构，规定各部门的生态环保职责，制定环保设备设施运维、排污许可、清洁生产、环境信用评价与宣传培训等内容。

（2）发电企业应建立生态环境保护奖惩管理规定，明确对发生环保违法行为或环境污染事故单位责任人的责任追究，强化公司生态环保管理力度，提高员工的环保责任意识，促进环保责任制进一步落实。责任追究方式主要包括警示谈话、通报批评以及警告、记过、记大过、调离岗位、降级、撤职、解除劳动合同等处分，以及绩效考核等。

（3）发电企业依据国家法规、标准有关规定，建立生态环保风险防控和隐患排查治理制度，对企业存在的风险进行排查识别，明确风险内容、所在位置、可能造成的影响等信息。

（4）发电企业应建立废水污染治理制度，规范废水来源及处理过程控制、废水处理排放的控制，废水排放监测工作和废水处理设施的维护检修管理的职责与内容。

（5）发电企业应建立废气污染治理制度，规定大气污染防治方面的职责、管理内容，控制烟气排放、灰场扬尘、车辆尾气排放等与大气污染防治相关过程，达到防治和减轻大气污染的目的。

（6）发电企业应建立固体污染治理制度，规定固体废物产生、收集、贮存、运输、利用处置全过程的管理要求，明确固体废物各管理人员的职责。涉及垃圾填埋场的，应制定垃圾填埋场污染控制管理规定，落实管理要求。

（7）发电企业应制定噪声管理制度，规范噪声的控制管理规定，防止噪声对厂界的环境影响，预防和减少噪声的排放。

（8）列入土壤污染重点监管单位名录的发电企业应制定土壤污染防治制度，严格控制有毒有害物质排放，开展土壤污染隐患排查，落实重点区域如灰（渣）场防渗处理、防止垮坝等环节保护措施。

（9）发电企业应建立环境监测管理制度，规范环境监测数据的准确性，将环境监测工作纳入生产管理，对公司生产过程中的环境影响进行有效控制，保证各项污染物稳定达标排放。

📝 管理要点

（1）发电企业应将习近平总书记关于生态文明建设和生态环境保护的重要指示批示以及党中央国务院有关重大决策部署作为党组织会议"第一议题"的学习内容，第一时间学习讨论，结合实际制定贯彻措施，抓好闭环管理，推动各项生态环保工作落地见效。

（2）发电企业应严格落实"党政同责、一岗双责"，党政主要负责人是生态环境保护工作第一责任人，对企业生态环境保护工作负主要领导责任；分管负责人统筹组织各项制度和措施的落实，对生态环境保护工作负分管领导责任；其他相关分管负责人按照管发展、管生产、管业务必须管生态环境保护的要求，负相关领导责任。

（3）环境监测范围包括烟气排放指标、排放量及治理设施，排水水质、排放量及处理设施，厂界噪声及治理设施，脱硫石膏及粉煤灰（渣）综合利用现场，煤场、厂界工频电场强度与磁场强度等。

📑 法规标准

（1）《中华人民共和国环境保护法》；

（2）《中华人民共和国水污染防治法》；

（3）《中华人民共和国大气污染防治法》；

（4）《中华人民共和国固体废物污染环境防治法》；

（5）《中华人民共和国土壤污染防治法》；

（6）《企业环境信息依法披露管理办法》（生态环境部　部令第 24 号）。

第二节　环保合规管理

工作介绍

　　项目运营期环保合规管理是指发电企业生产运营阶段在制度制定、经营决策、生产运营等环节，严格执行环境保护法律法规，建立和完善企业生产规范和环保制度，加强检查、及时发现和整改违规问题所开展的一系列工作。项目运营期应该遵守大气、水、固废、噪声、土壤、地下水等环保合规管理要求。

环境影响后评价是指编制环境影响报告书的建设项目在通过环境保护设施竣工验收且稳定运行一定时期后，对其实际产生的环境影响以及污染防治、生态保护和风险防范措施的有效性进行跟踪监测和验证评价，并提出补救方案或者改进措施。不是所有编制环评报告书的项目都需要开展后评价，各发电企业根据实际情况或环评批复执行。

工作内容

1. 大气污染合规管理

（1）火电企业运营期应根据排污许可证许可的排放种类、标准限值控制要求，按证排污，不得超出许可排放总量。按时缴纳大气污染物环境保护税。

（2）火电企业应完善大气污染物排放口标示，安装大气污染物排放自动监测设备，与生态环境主管部门的监控设备联网，保障自动监控设施正常运行、传输。定期开展自动监控设施比对监测工作。加强除尘、脱硫、脱硝等装置巡查和维护，保障大气污染物排放设施正常运行。

（3）火电企业应采取密闭、围挡、遮盖、清扫、洒水等措施，减少燃煤的堆存、传输、装卸等环节产生的粉尘和气态污染物的排放。运输煤炭的车辆应当采取密闭或者其他措施防止物料遗撒造成扬尘污染。

（4）火电企业应制定烟气自动设施故障、废气治理设施故障及重污染天气专项预案，并定期开展应急演练，完善本企业重污染天气应急响应机制。

2. 水污染合规管理

（1）发电企业需要直接或间接向水体排放污染物的，应根据排污许可证许可的排放种类、标准限值控制要求，按证排污，不得超出许可排放总量。

（2）发电企业应对所排放的循环水或其他水污染物定期开展自行监测。属于重点排污单位应当安装水污染物排放自动监测设备，与生态环境主管部门的监控设备联网，并保证监测设备正常运行。

（3）发电企业应加强废水处理设施隐患排查和维护，确保正常运行，收集和处理产生的工业废水、脱硫废水、生活污水、含油废水、含煤废水等废水，防止污染环境。加强雨污分流设施巡查和维护，防止废水进入雨水排放系统。

（4）发电企业应制定有关水污染事故的应急方案，做好应急准备，并定期进行演练。加强事故应急池液位巡查和调控，保障应急存储空间。

（5）发电企业应定期开展地下水自行监测，保存原始监测记录。

3. 一般工业固废合规管理

（1）火电企业委托他人运输、利用、处置的一般工业固废，应当核实受托方的主体资格和技术能力，签订书面合同，约定污染防治要求。需要跨省综合利用处置一般工业固废的，应办理固废跨省转移备案，完成备案后方可转移处置。

（2）火电企业应建立固废污染环境防治责任制度，建立工业固体废物管理台账。

（3）火电企业应定期对贮灰场开展自行监测，确保无组织排放达标。

4. 危险废物合规管理

（1）发电企业应建设危险废物贮存设施，并按照规定设置危险废物识别标志。

（2）发电企业应制定年度危险废物管理计划，报生态环境主管部门备案。建立危险废物管理台账，定期申报危险废物产生、贮存、处置等有关情况。

（3）发电企业应按照危废特性进行分类收集、贮存，禁止将危险废物混入非危险废物中贮存。贮存危险废物原则上不得超过一年。

（4）发电企业禁止将危险废物委托给无许可证的单位进行转移处置。转移处置危险废物应填写运行危险废物电子或者纸质转移联单。跨省转移危险废物应办理跨省转移手续。

（5）发电企业应定期开展危险废物贮存设施环境自行监测，保存原始数据。

（6）发电企业应制定危险废物突发环境事件应急预案并定期组织演练，投保环境污染责任保险。

35

5. 噪声污染合规管理

（1）发电企业应采取有效措施，减少风机、电机振动，降低噪声，减少噪声对周边环境的影响。

（2）发电企业应按照规定，对排放的噪声开展自行监测，保存原始监测记录。

6. 土壤污染合规管理

（1）发电企业如使用或产生有毒有害物质，应采取有效措施，防止有毒有害物质渗漏、流失、扬散等情况造成厂区土壤污染。

（2）对于土壤污染重点监管的发电企业，应在排污许可证中载明土壤污染物质。开展土壤自行监测，保存原始监测记录。

（3）对于土壤污染重点监管的发电企业如拆除设施、设备或者建筑物、构筑物，应当制定土壤污染防治工作方案，报主管部门备案通过后实施。

（4）发电企业应加强污水处理设施管理，防止污水流入地下，造成土壤污染。

（5）发电企业发生可能造成土壤污染的突发环境事件，应当采取应急措施，防止土壤污染，并依照规定做好土壤污染状况监测、调查和土壤污染风险评估、风险管控、修复等工作。

7. 环境影响后评价管理合规管理

（1）编制环境影响报告书的建设项目，在通过竣工环保验收且稳定运行一定时期后，发电企业应对照《建设项目环境影响后评价管理办法（试行）》要求，对符合要求的项目开展实际产生的环境影响以及污染防治、生态保护和风险防范措施的有效性进行跟踪监测和验证评价。

（2）发电企业负责组织开展环境影响后评价工作，自行或委托环评报告编制单位以外有能力的技术机构编制环境影响后评价文件，并对环境影响后评价结论负责。

（3）发电企业应当将环境影响后评价文件报原审批环评报告的生态环境主管部门备案，并接受生态环境主管部门的监督检查。

（4）发电企业完成环境影响后评价后，应当依法公开环境影响后评价文件，接受社会监督。

📝 **管理要点**

（1）发电企业应规范设置各类生态环境标识标牌，并定期检查标示牌完整性。

（2）火电企业严禁偷排、篡改或者伪造监测数据，以逃避监管的方式排放大气污染物。

（3）发电企业应加强废水处理设备的运维，禁止利用渗井、渗坑、裂隙、溶洞，私设暗管，篡改、伪造监测数据，或者不正常运行水污染防治设施等逃避监管的方式排放水污染物。

（4）火电企业应按照《一般工业固体废物管理台账制定指南（试行）》要求，制定固废管理台账，如实记录产生工业固体废物的种类、数量、流向、贮存、利用、处置等信息，实现一般工业固体废物可追溯、可查询，并做好档案管理。

（5）火电企业委托第三方运输、利用、处置一般工业固体废物，应当跟踪受托方运输、利用、处置工业固体废物履行合同约定的污染防治条款的情况。火电企业应掌握一般工业固体废物运输、利用、处置情况。

（6）发电企业应关注委托第三方运输、利用、处置危险废物情况，可进行必要的抽查验证，避免出现例如运输单位在运输过程当中遗弃、丢撒危险废物的情形。

（7）发电企业应重点关注危险废物处置单位的资质真实性、准确性，避免出现无危废处置资质的单位非法收集、运输、贮存、利用、处置、倾倒危废的情形。

（8）新能源企业应重点关注废弃叶片、组件等新型固废的处理方法，并按要求执行。

（9）水电及新能源企业应高度重视生态环保合规管理，避免出现对环保要素的管理缺失。

📑 法规标准

（1）《中华人民共和国大气污染防治法》；

（2）《中华人民共和国水污染防治法》；

（3）《中华人民共和国固体废物污染环境防治法》；

（4）《中华人民共和国噪声污染防治法》；

（5）《中华人民共和国土壤污染防治法》；

（6）《地下水管理条例》；

（7）《建设项目环境影响后评价管理办法（试行）》（环境保护部令 第37号）；

（8）GB 15562.1《环境保护图形标志 排放口（源）》；

（9）HJ 1276《危险废物识别标志设置技术规范》；

（10）GB 15562.2《环境保护图形标志 固体废物贮存（处置）场》；

（11）GB 18599《一般工业固体废物贮存和填埋污染控制标准》；

（12）《一般工业固体废物管理台账制定指南（试行）》（公告2021年 第82号）；

（13）GB 18597《危险废物贮存污染控制标准》；

（14）GB 18598《危险废物填埋污染控制标准》；

（15）HJ 1259《危险废物管理计划和管理台账制定技术导则》；

（16）国家危险废物名录。

第三节　环保风险防控和隐患排查治理

📋 工作介绍

　　环保风险防控和隐患排查治理基于风险分级管控和隐患排查治理双重预防机制，侧重环境保护，注重强调防控违反生态环境保护法规政策、造成环境污染、生态破坏等环境问题的可能，以及消除由于管理上的缺陷或者物的危险状态防控不到位而可能造成环境污染、生态破坏或通报处罚等事件的后果，以减少环境污染和生态破坏。

📖 工作内容

1. 环保风险辨识与防控

　　（1）发电企业应当依据有关法规、制度、标准规定等对存在的风险进行排查识别，明确风险内容、所在位置、可能造成的影响等信息。风险排查辨识的范围包括环保设备设施、管理制度、组织机构、人员配置、管理流程等。

　　（2）环保风险根据后果严重性评估可分为低风险、一般风险、较大风险和重大风险四个等级，可用蓝色、黄色、橙色

40

和红色标识。发电企业应当根据自身特点制定判定原则，对排查识别出的环保风险内容进行等级划分。

（3）发电企业定期组织环保风险辨识，根据辨识结果编制环保风险分级防控清单。清单中应明确风险内容、所在位置、可能造成的影响、风险等级、防控措施等。

（4）发电企业应从工程技术、设施装备、现场管理、教育培训、应急处置等方面提出风险管控措施，落实责任分工，实施分级防控。

（5）发电企业应对风险分级防控清单内容进行宣贯培训，帮助相关责任部门和责任人员熟悉风险分级防控措施清单的内容，督促责任部门和责任人员严格执行管控措施。定期对风险分级防控清单进行评估与更新，保障风险内容和防控措施持续有效。

2. 环保隐患排查与治理

（1）环保隐患根据可能造成的危害程度和治理难度，可分为一般隐患和重大隐患。发电企业应当根据自身特点制定判定原则，对排查识别出的环保隐患进行等级划分。

（2）发电企业应定期组织开展环保隐患排查治理活动，同时将制定的风险防控措施列入隐患排查治理范围。

（3）发电企业排查出的隐患应及时整改闭环，对于无法在短时间内整改闭环的隐患，应及时采取相应的技术措施进行管控。

（4）发电企业应当建立隐患排查治理档案，妥善保存隐患排查治理制度、隐患排查治理台账、培训记录等材料。

📝 管理要点

（1）发电企业应明确风险辨识评估和隐患排查方式和频次、隐患排查治理的组织实施方式，加强宣传培训和演练，建立环保风险防控和隐患排查档案等。

（2）发电企业环保设备设施风险防控和隐患排查治理重点关注贮灰场，危险废物临时贮存设施，废水处理系统，除尘、除灰、除渣设施，脱硫、脱硝设施，以及烟气在线连续监测装置的运行维护管理。

（3）水电企业应关注地表水环境质量情况，某些水生生物聚集情况，某些藻类的富集存在爆发水华的风险。

（4）火电企业应定期开展雨污分流隐患排查，避免污水混入雨水系统。

（5）新能源企业应根据项目所在地区环境特点，在自然灾害结束后及时开展隐患排查及治理，防止造成生态破坏或舆论影响。

（6）发电企业应参照《企业突发环境事件风险分级方法》的要求，根据生产、使用、存储和释放的突发环境事件风险物质数量与其临界量的比值，评估生产工艺过程与环境风险控制水平以及环境风险受体敏感程度的评估分析结果，分别评估企业突发大气环境事件风险和突发水环境事件风险。

（7）对于突发环境事件隐患排查和治理工作，发电企业应参照《企业突发环境事件隐患排查和治理工作指南（试行）》执行，从环境应急管理和突发环境事件风险防控措施两大方面排查可能直接导致或次生突发环境事件的隐患。

📋 法规标准

（1）《中华人民共和国环境保护法》；

（2）《突发环境事件应急管理办法》（环境保护部令 第34号）；

（3）《企业突发环境事件风险评估指南（试行）》（环办〔2014〕34号）；

（4）《企业突发环境事件隐患排查和治理工作指南（试行）》（环境保护部公告 2016年第74号）；

（5）HJ 941《企业突发环境事件风险分级方法》。

43

第四节　环保设施管理

📖 工作介绍

　　发电企业环保设施是指为防治废水、废气、固体废物等对环境的污染、改善环境质量所建成的处理处置、净化控制、再生利用设施。发电企业需做好环保设施日常运维、定期试验和定期检修等工作，保证环保设施正常运行。发电企业开展技术改造项目前，应对照相关法规要求确定项目是否需要进行环境影响评价、节能审查和备案等工作。

📋 工作内容

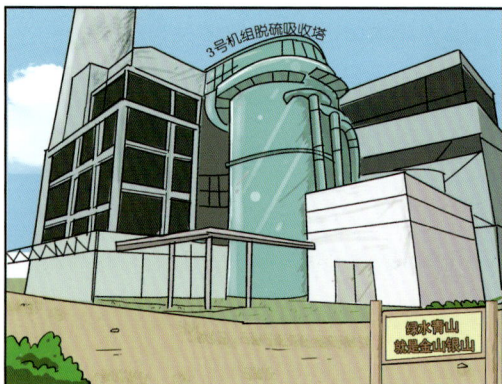

1. 脱硫环保设施运维管理

（1）火电企业湿法脱硫烟气系统、SO_2 吸收系统、吸收剂制备系统、石膏脱水系统、脱硫废水处理系统及其他配套设备，应运行正常并达到出力要求。

（2）火电企业在机组运行过程中应重点监视和控制转机运行电流、烟气入口烟气温度、出入口 SO_2 浓度、氧量、烟气流量、吸收塔浆液 pH 值、吸收塔浆液密度、除雾器差压、GGH 差压、脱硫效率等运行参数。

（3）火电企业应严格按照运行规程和定期工作要求对 GGH 进行吹灰和高压水在线冲洗，确保 GGH 换热元件差压值在允许范围内。

（4）火电企业应结合脱硫系统设施实际情况，制定日常维护定期工作标准，形成设备的渗漏、腐蚀、磨损情况和在线仪表定期检查维护，备品备件及验收标准等工作清单。

（5）火电企业脱硫设施检修周期和工期应与主机同步，应编制专业检修作业规程。

2. 脱硝环保设施运维管理

（1）火电企业烟气脱硝系统、脱硝氨站、稀释风系统及其他配套设备，应运行正常并达到出力要求。

（2）火电企业机组运行过程中应重点监视和控制氧量、烟气温度、烟气流量、出入口 NO_x 浓度、喷氨量、氨逃逸浓度和脱硝效率等运行参数。

（3）火电企业应结合脱硝系统设施实际情况，制定设备和在线仪表检查维护定期工作标准。

（4）火电企业脱硝设施检修周期和工期应与主机同步，应制定专业检修作业规程，各等级检修应至少包括脱硝催化剂检测、空气预热器清理、喷氨系统等检修项目。

3. 除尘设施运维管理

（1）火电企业烟气除尘系统、输灰系统及其他配套设备，应运行正常并达到出力要求。

（2）火电企业运行过程中应重点监视和控制烟气温度、电场电压、火花率、烟尘浓度、输灰压力和灰斗料位等运行参数。

（3）火电企业应结合除尘系统设施实际情况，制定设备和在线仪表检查维护定期工作标准。

（4）火电企业除尘设施检修周期和工期应与主机同步，应制定专业检修作业规程，各等级检修应至少包括电除尘内部检查、灰斗料位检查、空气压缩机检修和输灰管道检查等检修项目。

4. 废水环保设施运维管理

（1）发电企业工业废水、生活污水、含油废水等处理设施及其他配套设备，应运行正常并达到出力要求。

（2）发电企业运行过程中应重点监视和控制 pH、悬浮物、废水流量和液位等运行参数。

（3）发电企业严格按照运行规程和定期工作要求，开展过滤器反洗、废水检测和定期排污等工作。

（4）发电企业应结合废水系统设施运行实际情况，制定设备和在线仪表检查维护定期工作标准，合理安排废水处理设施检修周期。

5. 在线监测环保设施运维管理

（1）发电企业必须安排经过专业培训，并持有上岗证的操作人员专人专职负责在线监测（监控）系统管理。严禁弄虚作假，不得擅自修改设备参数和数据，必须将在线监测（监控）系统作为污染治理设施其中一部分进行管理。

（2）发电企业在线监测维护人员应每天巡视一次现场设备运行情况，至少每周对系统进行一次全面检查和维护。发现情况及时通报采取有效的措施消除故障隐患。

（3）发电企业在线监测维护人员每月对整个系统（包括采样系统、分析仪器系统、数据存储／控制系统）进行一次保养和维护。

（4）发电企业在线监测维护人员每季度进行一次手动对比监测，根据测定结果对仪器进行校准工作。

6. 技术改造管理

（1）发电企业技术改造项目应对照《建设项目环境影响评价分类管理名录》《污染影响类建设项目重大变动清单（试行）》，确定项目是否需要办理环境影响评价，需要办理哪种类别环评。

（2）发电企业应按照《固定资产投资项目节能审查办法》要求，编制技术改造项目节能报告，对新建、改建、扩建项目在开工建设前取得节能审查机关出具的节能审查意见。固定资产投资项目投入生产、使用前，应对其节能审查意见落实情况进行验收。

📝 管理要点

（1）发电企业因环保设施运行不正常发生污染事故时，应及时向当地生态环境主管部门报告，并采取有效的应急措施消除环境污染。

（2）已建成的环境保护设施，严重不符合建设要求的，应限期进行技术改造，达到要求后方可投入运行。

（3）火电企业应做好脱硝催化剂定期检测和寿命跟踪管理，结合机组检修做好更换或再生工作计划。

（4）发电企业废水处理场所保持清洁，与废水处理无关的杂物、软管和潜水泵等必须清除，拆除与废水处理无关的管道。

（5）发电企业事故应急池宜单独设置，非事故状态下需占用时，占用容积不得超过1/3，具备在事故发生时30min内紧急排空的设施。

（6）发电企业在线监测站房内至少存放最近一年的运行

维护记录，以及监测设备说明书、安装调试报告、验收比对监测报告、验收报告等。纸质、电子介质存储的存档资料保存期限至少 5 年。

（7）《固定资产投资项目节能审查办法》明确，对于年综合能源消费量 10000t 标准煤及以上的固定资产投资项目，由省级节能审查机关负责。对于年综合能源消费量不满 1000t 标准煤且年电力消费量不满 500 万 kWh 的固定资产投资项目，涉及国家秘密的固定资产投资项目以及用能工艺简单、节能潜力小的行业的固定资产投资项目，可不单独编制节能报告。

（8）无须办理环评的重大技改项目，可与当地主管部门沟通，发送征求办理环评手续意见的咨询函件，争取得到当地主管部门明确的回复意见函件，避免出现未批先建等合规问题。

📋 法规标准

（1）《中华人民共和国环境保护法》；

（2）《中华人民共和国水污染防治法》；

（3）《中华人民共和国大气污染防治法》；

（4）《中华人民共和国固体废物污染环境防治法》；

（5）《建设项目环境影响评价分类管理名录》；

（6）《污染影响类建设项目重大变动清单（试行）》；

（7）《固定资产投资项目节能审查办法》（国家发改委令 第2号）；

（8）HJ 75《固定污染源烟气（SO_2、NO_x、颗粒物）排放连续监测技术规范》；

（9）HJ 355《水污染源在线监测系统（COD_{Cr}、NH_3-N等）运行与考核技术规范》。

第五节　环保监督管理

工作介绍

　　环保监督管理是指发电企业开展内部自查和应对外部检查的工作。发电企业应在日常落实好环境保护措施的前提下，制定自查计划，对本发电企业的环境保护工作进行自查，并做好外部检查的应对工作。

工作内容

1. 内部自查

　　（1）发电企业内部自查形式分为定期检查和不定期检查。发电企业定期自查计划应满足主管部门及上级单位有关要求，并根据实际需要，不定期组织生态环境专项自查。

　　（2）发电企业开展自查的依据包括生态环境保护相关法律、法规和政策，各级政府主管部门的相关规定、标准及要求，上级单位及发电企业内部生态环境保护相关管理制度、文件和工作要求，生态环境保护工作阶段性和年度工作任务、考核指标，项目环境影响评价文件及其批复意见等。

（3）发电企业开展检查前，应明确重点检查内容、职责分工和时间安排，发出检查通知，并与相关部门、单位做好对接工作。

（4）若发电企业对下属项目开展内部自查（例如新能源企业对场站开展检查、平台公司对投资项目开展检查），可先介绍检查内容、程序及相关工作要求等，听取下属项目简要汇报；现场检查时，应对照重点检查内容，对现场点位和资料进行认真检查，并随时向陪检人员了解相关情况；现场检查完成后，形成检查意见，在现场与被检查项目沟通检查情况。

（5）发电企业对下属项目检查完成后，应正式向被检查项目反馈检查意见，并明确整改要求和时限等。

（6）被检查项目应按检查意见及整改要求，制定整改措施和实施计划，按时完成整改并提交整改材料，对检查问题进行闭环管理。

2. 外部检查

（1）对于有事先通知的外部检查，或者没有事先通知但可能对发电企业进行的检查，如生态环境保护督察，或受到群众举报投诉后政府主管部门进行的现场核查，发电企业应配合做好迎检准备工作，可组织召开动员会议，统一思想认识、提高重视程度，明确各部门、单位迎检的职责分工。

（2）发电企业迎接外部检查可先行组织开展自查，对发现的问题和风险，及时落实整改和应对措施。

（3）发电企业迎接外部检查可提前确定检查陪同人员和讲解人员，准备好迎检资料，做好现场文明生产管理。

（4）发电企业应针对外部检查发现的问题，按检查意见及整改要求，制定整改措施和实施计划，按时完成整改并提交整改材料，对检查问题进行闭环管理。

📝 管理要点

（1）发电企业在日常工作中，应依法依规落实环境保护措施，做好台账记录，梳理迎检可能需要的资料，为各类检查打好基础。

（2）发电企业在应对外部检查过程中，应认真聆听检查人员的问题，做到有效沟通，避免因沟通问题产生误解。

（3）发电企业迎检人员在回答问题时，应依据文件、实际回答，用事实和证据说明问题，围绕主题，简单明了。应避免出现推卸责任或与检查人员争论等情况。

（4）可立行立改的问题，发电企业应力争在检查人员离开前完成整改并及时反馈。

（5）发电企业开展自查时，检查人员应遵守被检查单位安全管理等方面的规定和要求，认真细致，充分了解情况，详细记录存在的问题，所提出的问题必须有依有据。

第六节 环境信息报送管理

工作介绍

环境信息报送是指发电企业根据法律法规、生态环境主管部门以及上级单位的有关规定，对统计监测报表和报告、突发环境事件、违法违规事件和其他信息进行报送以及开展信息披露的工作。发电企业是环境信息报送的责任主体，负责按照有关要求及时报送相关信息、开展信息披露，并确保信息的及时、准确和完整。

工作内容

1. 统计监测报表和报告

（1）持有排污许可证的发电企业应按照排污许可证规定的内容、频次和时间要求，在全国排污许可证管理信息平台提交电子版执行报告和监测记录，同时向生态环境主管部门提交月度、季度、年度执行报告。

（2）发电企业应根据要求定期向生态环境主管部门及上级单位报送生态环境保护统计监测、污染物排放、固废信息、环保技术改造、环保隐患排查治理、生态环境保护总结分析报告等报表和报告。

2. 突发环境事件

（1）突发环境事件实行逐级报告制度。突发环境事件发生后，现场有关人员应立即报告发电企业负责人；发电企业负责人接到报告后，应按规定向事发地县级以上生态环境主管部门报告，同时及时向上级单位报告。

（2）突发环境事件发生后，发电企业应第一时间以电话方式初报，随后以正式书面报告的形式报告。

（3）突发环境事件在抢险救援期间，发电企业应定期报告处置进展；事件在处理过程中发生重大变化时，发电企业要立即报告。

3. 违法违规事件信息

（1）发电企业被行政主管部门通报、处罚的事件，应在接到相关通报、处罚后及时报送上级单位。

（2）违法违规事件处理过程中发生重大变化时，发电企业应及时报告。

（3）对于发生信访、举报、投诉的生态环境保护事件，经行政主管部门查实确属违法违规行为的，发电企业应按要求及时报送相关信息。

4. 其他信息报送

（1）发电企业在接受生态环境主管部门检查或者其他情形下要求报送相关信息时，应按要求及时报送。

（2）发电企业编制、修订的生态环境保护制度，涉及的建设项目环境影响评价文件，及批复、竣工环境保护验收意见、排污许可证等应按要求及时报送上级单位。

5. 信息披露

（1）纳入环境信息依法披露企业名单的发电企业应于每年3月15日前披露上一年度环境信息，按照环境信息依法披露格式准则编制年度报告，并上传至企业环境信息依法披露系统。

（2）纳入环境信息依法披露企业名单的发电企业因生态环境违法行为受到行政处罚、相关人员被处以行政拘留或被追究刑事责任等情况，应自收到相关法律文书之日起五个工作日内，以临时环境信息依法披露报告的形式披露相关信息。

（3）发电企业应采取便于公众知晓和查询的方式公开环境风险防范工作开展情况、突发环境事件应急预案及演练情况、突发环境事件发生及处置情况，以及落实整改要求情况等环境信息。

管理要点

（1）发电企业可通过自查、第三方检测、内外部审计等多种形式对统计数据进行评估审核，确保统计数据和总结报告的真实性、准确性和完整性。

（2）发电企业应建立完善信息管理台账，实行档案化管理。

（3）突发环境事件信息报告内容应包括发生的时间、地点、可能造成的损失、已采取的措施和需求、事态发展的趋势以及需要紧急采取的措施和建议等。

（4）排污许可证有效期内发生停产的，发电企业应在排污许可证执行报告中如实报告污染物排放变化情况并说明原因。

（5）发电企业技术负责人发生变化时，应在年度排污许可执行报告中予以说明。

法规标准

（1）《中华人民共和国环境保护法》；

（2）《排污许可管理条例》（中华人民共和国国务院令　第736号）；

（3）《突发环境事件信息报告办法》（环境保护部令　第17号）；

（4）《突发环境事件应急管理办法》（环境保护部令　第34号）；

（5）《企业环境信息依法披露管理办法》（生态环境部令　第24号）；

（6）企业环境信息依法披露格式准则（环办综合〔2021〕32号）。

第七节　环保宣传培训管理

工作介绍

　　发电企业环保宣传培训一般将一系列的环保宣传培训资料通过各类平台、各种形式展示给员工，在发电企业内部产生一定的影响，不但让员工了解最基本的环保法律法规、生态环保知识，在工作中依法依规生产经营，而且还正确引导员工在日常生活中养成节能环保的良好生活习惯。各发电企业可结合本企业实际情况，开展不同模式的宣传培训活动。

工作内容

1. 入职培训

　　发电企业新员工入职报到后，企业应对新员工开展生态环境保护方面的专项宣传培训，旨在让新员工大致了解本企业生产经营过程中的各项环保任务、环保工作，了解生态环境保护工作在本企业生产经营过程中的重要性，同时也让新员工养成良好的环境保护习惯及意识。此类培训一般采取面授模式，为新员工营造一个较轻松的学习氛围，培训材料通常选取生活环保常识及发电企业的基本环保理念。

2. 环保相关岗位岗前培训

结合新转入环保工作岗位的岗位工作职责，对新转入员工开展贴合工作实际的培训。此类培训结合环保工作岗位的工作性质及内容，具有一定的专业性，需直入主题，有针对性、实用性，以便新转入员工能够快速学习吸收，快速接手相关工作。此类培训一般采取一对一面授及现场实地讲解方式开展，培训材料一般选取过往工作资料，培训内容应把握得当、难易适度，避免过于深入导致新转入员工接受困难，从而大大降低培训效果，影响后期工作开展。后续可根据新转入员工对工作内容的逐渐熟悉，加深培训内容。

3. 主题宣传培训

可结合"世界水日、中国水周""世界环境日""世界地球日""世界海洋日""节能宣传周""全国低碳日"等国家节能环保主题宣传日开展节能环保宣传培训。此类培训通常要求发电企业全员参加，让全体员工了解环境保护重要性，了解到节能低碳生活的方式方法，更加有利于发电企业全体员工投身到节能环保的公益事业中，在工作、生活中，以自己的实际行动，支持国家环保事业。此类培训通常为知识普及类培训，培训内容在结合各类主题宣传日的前提下，应尽量做到大众化、通俗化，培训材料通常选取大众较为容易接受的科普类视频、宣传海报等，利用网络平台采取自行阅读模式开展。

4. 法律法规、标准制度培训

针对与发电企业生产经营活动所关联的生态环保法律法规，开展的宣传培训，旨在让发电企业全体员工了解相关生态环保的法律法规要求，增强生态环保意识的同时，保证在工作、生活中不触犯到国家相关法律法规的红线，使各项生产经营、个人活动符合相关法律法规要求。此类培训的培训材料基本为国家法律法规，行业、地方、上级单位相关管理要求及公司管理标准，可依据参加培训人员类别，选取内容深度不一的法律法规、管理要求条款开展培训，另外可适当加入实际案例，以加深参训人员对法律法规、管理要求的认知及理解，一般采取面授或自学模式开展。

5. 专题培训

结合发电企业相关责任部门的环保实际工作，开展针对性的专题培训，例如针对污水处理设施责任部门，开展污染物处理、排放管理相关宣传培训；针对危险废物产生、管理责任部门，开展危险废物管理相关培训等。此类培训针对性及专业性较强，涉及范围较小，只针对责任部门的相关责任人开展，培训内容通常为较强的专业理论知识或现行相关法律法规标准制度，可结合环保工作开展实际情况或工作中发现的问题择机开展。培训材料可选取行业内部实际案例、生态环境主管部门下发材料等，以面授或实地讲解等模式开展。

📝 **管理要点**

（1）培训师要结合发电企业实际情况，不断提升个人素质，日常不断积累培训资料、培训课件等材料，将这些材料与发电企业实际生产经营活动相结合。

（2）发电企业可有效发挥新媒体平台的信息传播能力及便捷度，利用员工喜欢的语言方式、载体方式将文字性专业知识变为通俗易懂的多媒体、图片等信息进行传播。

（3）发电企业宣传培训应掌握合理频次，发挥宣传培训的真实效果。

（4）在环保宣传培训中，不宜开展单向信息传播，培训师应注重与参训人员的双向互动，应在课程结束后设置课程评估环节。

第八节 排污许可执行管理

工作介绍

　　排污许可执行管理是指项目在生产运营阶段，发电企业在依法持有排污许可证的基础上，通过对照排污许可证登记的各项环境管理要求，做好持证排污、按证排污的管理工作。主要内容包括自行监测，台账记录，执行报告，信息公开，排污许可证变更、延续、撤销管理等工作，对不同类型的发电企业可能有较大区别，发电企业应按各自排污许可证登记的要求来执行。

工作内容

1. 自行监测

　　（1）发电企业首先应依据 HJ 819《排污单位自行监测技术指南　总则》行业自行监测指南、环境影响评价报告及批复等要求制定《自行监测方案》。

　　（2）发电企业制定的《自行监测方案》需要报属地生态环境主管部门备案。

　　（3）发电企业应自行或委托有资质的第三方机构按《自

行监测方案》开展自行监测工作，并按期向生态环境主管部门提交监测报告。

（4）在线监测属于自行监测的一部分，实行排污许可重点管理的发电企业，应当依法安装、使用、维护 CEMS，并与生态环境主管部门的监控系统联网。

2. 台账记录

发电企业应当建立环境管理台账记录制度，按照排污许可证规定的格式、内容和频次，如实记录主要生产设施、污染防治设施运行情况以及污染物排放浓度、排放量等。

3. 执行报告

发电企业需要根据排污许可证规定的内容、频次和时间要求，在全国排污许可证管理信息平台填报排污许可执行报告并按时提交。

4. 信息公开

发电企业应当按照排污许可证规定，如实通过全国排污许可证管理信息平台等媒介公开污染物排放信息。污染物排放信息应当包括污染物排放种类、排放浓度和排放量，以及污染防治设施的建设运行情况、排污许可证执行报告、自行监测数据等；如水污染物排入市政排水管网，还应当包括污水接入市政排水管网位置、排放方式等信息。

5. 变更、延续、撤销

（1）发电企业应当于排污许可证有效期届满 60 日前向审

批部门提出延续申请。

（2）发电企业如发生变更名称、住所、法定代表人或者主要负责人等情况，应注意在 30 日内向审批部门提出变更申请。

（3）发电企业应当在排污许可证发生遗失、损毁之日起 30 个工作日内向审批部门提出补领申请。

工作要点

（1）环保管理人员应重点关注本企业排污许可证是否在有效期内，按规定办理排污许可证变更、延续、撤销等手续，避免因许可证超期而造成的处罚。

（2）对于火电企业，CEMS 数据异常时应及时组织检查、修复。环保管理人员应将故障原因、持续时间等及时报告生态环境主管部门，避免因 CEMS 数据异常持续时间过长而造成的处罚。

（3）环保管理人员应将污染物超标排放等异常情况的原因、持续时间、处置方式等纳入环境管理台账如实记录，并及时报告生态环境主管部门。

（4）环保管理人员应当在排污许可年度执行报告中如实报告企业特殊情况，如企业停产、新建项目完成竣工环保验收等。

（5）环保管理人员应向属地生态环境主管部门提交书面排污许可执行报告，书面执行报告应当由法定代表人或者主要负责人签字或者盖章。需要特别注意的是报告封面及承诺书页面盖章、日期不要遗漏，日期应与全国排污许可证管理信息平台执行报告提交日期保持一致。

（6）环保管理人员应重点关注排污许可证变更后，相对应的污染物排放口标识牌、自行监测指标及频次、执行报告提交频次、排污许可总量等内容是否需要进行更新，确保其一致性。

（7）环保管理人员需关注排污许可证正本是否悬挂在企业厂界外且无须经过审批即可查看的位置，确保公众可以随时进行监督。

（8）环保管理人员应重点关注排污许可证是否被涂改或非法转让，如发现应及时整改。

（9）发电企业应注意保存好排污许可台账，所有电子版或纸质版台账应真实、准确，不得篡改、伪造，保存期限不得少于 5 年。

📋 **法规标准**

（1）《排污许可管理条例》（中华人民共和国国务院令　第 736 号）；

（2）《排污许可管理办法（试行）》（环境保护部令　第 48 号）；

（3）HJ 819《排污单位自行监测技术指南　总则》；

（4）HJ 820《排污单位自行监测技术指南　火力发电及锅炉》；

（5）HJ 944《排污单位环境管理台账及排污许可证执行报告技术规范　总则（试行）》。

第九节　环境应急管理

工作介绍

环境应急管理是指为防范和应对突发环境事件而进行的一系列有组织、有计划的管理活动，是发电企业应急管理的重要组成部分。发电企业项目运营期环境应急管理的主要内容是突发环境事件应急预案的编制修订备案、应急培训演练和重污染天气应急响应。

工作内容

1. 突发环境事件应急预案的编制

| 编制的时间要求与准备工作 |

发电企业应在建设项目投入生产或者使用前，完成突发环境事件应急预案的编制和备案。在正式编制突发环境事件应急预案前，开展风险评估和应急资源调查，确定本企业突发环境事件风险等级，并编制《环境应急资源调查报告》和《环境风险评估报告》。

| 突发环境事件应急预案文本编制 | ━━━━━━━ ▶▶▶

应急预案文本主要包括总则、基本情况、环境风险源识别与风险评估、组织机构及职责、预警与信息报送、应急响应和措施、后期处置、保障措施、应急培训和演练、奖惩、预案发布和更新以及附图附件等内容。经过评估确定为较大以上环境风险的发电企业，可结合经营性质、规模、组织体系和环境风险状况、应急资源状况，按照环境应急综合预案、专项预案和现场处置预案的模式建立全面的环境应急预案体系。

2. 突发环境事件应急预案的评审发布

在突发环境事件应急预案编制完成后，发电企业应开展预案演练进行检验，并组织专家和可能受影响的居民、单位代表，按照《企业事业单位突发环境事件应急预案评审工作指南（试行）》对预案进行评审打分，填写评审表和评审意见表。发电企业应按照评审意见对应急预案文本进行修订，直至通过评审，最后由企业主要负责人签署发布实施并对外公示。

3. 突发环境事件应急预案的备案修订

发电企业应在突发环境事件应急预案签署发布之日起的20个工作日内向生态环境主管部门申请备案。备案前环保管理人员应准备预案备案表、预案文本、编制说明、风险评估报告、应急资源调查报告、评审表、评审意见表、专家资质证明以及修改索引单等材料，对于存在较大及以上环境风险的发电企业还需提供专家复核意见以及预案公示文件。

准备工作完成后，发电企业环保管理人员应向生态环境主管部门递交上述材料，并按其具体要求通过全国环境应急预案电子备案系统进行电子备案，上报企业基本情况及风险源、应急物资和敏感目标等信息。

在提交预案备案材料后，环保管理人员应做好动态跟踪，及时补交相关材料或配合重新提交备案，在接到完成备案的通知时，及时领回备案表并与突发环境事件应急预案发布稿一同保存。

发电企业应结合企业实际情况和应急预案实施情况，及时修订突发环境事件应急预案，修订工作至少每三年开展一次。修订时应编写回顾性评估文件，说明预案的执行情况及主要变化情况。对应急预案进行重大修订的，应按照重新编制应急预案的步骤开展修订工作。

4. 突发环境事件应急预案的启动与终止

发电企业在发生或者可能发生突发环境事件时，应及时按照事件的紧急性、可能的波及范围以及后果严重性等判断预警级别，发布预警信息，开展现场处置并采取有效应急措施防止事故扩大。当认为事故较大，有可能超出本级处置能力时，要及时通报可能受到危害的单位和居民，并向生态环境主管部门和有关部门报告，请求上一级启动相关应急预案。

在应急处过程中，发电企业应合理调度应急队伍，组织开展大气、土壤等应急监测，根据事件发展做好人员疏散撤离和周边道路隔离、交通疏导，出现人身伤害的还应及时开展医疗救护。

当防护措施已有效落实，事件现场已得到控制、无继发可能时，发电企业可终止应急响应，并及时开展现场清洁、事故废物处置、应急物资补充、事故调查处理、污染损害评估、生态修复补偿等善后事宜。

5. 突发环境事件风险防控

｜环境风险隐患排查治理｜

发电企业应建立健全隐患排查治理制度，定期开展环境风险隐患排查治理工作，建立管理台账档案，及时发现并消除环境安全隐患，并定期组织盘点、更换或补充应急物资，确保其质量和数量满足应急处置需求。

｜突发环境事件应急培训与演练｜

发电企业应将突发环境事件应急培训纳入企业年度培训计划，对从业人员定期进行突发环境事件应急知识和技能培训，并建立培训档案，如实记录培训的时间、内容、参加人员等信息。此外，还应定期开展应急演练，撰写演练评估报告，分析存在问题，并根据演练情况及时修改完善应急预案。

6. 重污染天气应急响应

为应对区域重污染天气，控制和减少大气污染物排放，发电企业应按照《城市大气重污染应急预案编制指南》《重污染天气重点行业应急减排措施制定技术指南》及本地区重污染天气应急响应要求，结合本企业实际情况，单独编制上报本企业的重污染天气应急响应预案，在收到重污染天气预警指令后，按时启动、调整、落实和终止应急响应措施。

重污染天气应急响应预案应明确本企业有关组织机构、应急响应流程、应急响应措施和监管保障措施。应急响应措施应按照重污染天气预警级别分别制定，且需满足生态环境主管部门对本企业的减排管控要求。

📝 管理要点

（1）建设项目突发环境事件应急预案应于环保验收前完成编制、评审和备案，否则将不能通过环保验收。

（2）发电企业在突发环境事件应急预案文本编制过程中，应通过召开告知会、座谈会和发放调查表等方式充分征求员工和可能受影响的居民、单位代表的意见。

（3）发电企业应采取便于公众知晓和查询的方式公开本企业突发环境事件应急预案文本、环境风险防范工作开展情况、突发环境事件应急演练情况、突发环境事件发生和处置情况，以及落实整改要求情况等环境信息。

（4）发电企业近三年内如存在因违法排放污染物、非法转移处置危险废物等行为受到过生态环境主管部门处罚，则应在突发环境事件应急预案修订时，在已评定的突发环境事件风险等级基础上调高一级。

（5）发电企业在重污染天气应急响应期间应加强移动源管理，尽量减少重型柴油货车进出厂车辆数，并按照生态环境主管部门要求在方便公众知晓的位置悬挂重污染天气应急响应公示牌，及时更新有关信息。

📋 法规标准

（1）《中华人民共和国环境保护法》；

（2）《中华人民共和国突发事件应对法》；

（3）《突发环境事件应急管理办法》；

（4）《突发环境事件信息报告办法》；

（5）《突发环境事件调查处理办法》；

（6）HJ 941《企业突发环境事件风险分级方法》；

（7）HJ/T 169《建设项目环境风险评价技术导则》；

（8）HJ 633《环境空气质量指数（AQI）技术规定（试行）》；

（9）《关于印发〈大气污染防治行动计划〉的通知》（国务院　国发〔2013〕37号）；

（10）《关于印发〈国家突发环境事件应急预案〉的通知》（国务院办公厅　国办函〔2014〕119号）；

（11）《关于印发〈企业事业单位突发环境事件应急预案评审工作指南（试行）〉的通知》（环境保护部　环办应急〔2018〕8号）；

（12）《关于印发〈企业事业单位突发环境事件应急预案备案管理办法（试行）〉的通知》（环境保护部　环发〔2015〕4号）；

（13）《关于发布〈企业突发环境事件隐患排查和治理工作指南（试行）〉的公告》（环境保护部　公告2016年　第74号）；

（14）《关于印发〈城市大气重污染应急预案编制指南〉的函》（环境保护部　环办函〔2013〕504号）；

（15）《关于印发〈重污染天气重点行业应急减排措施制定技术指南（2020年修订版）〉的函》（生态环境部　环办大气函〔2020〕340号）。

第十节 应对气候变化管理

工作介绍

当今全球气候变暖、极端天气频发，在碳达峰碳中和目标引领下，发电企业应坚持以减污降碳协同增效为总抓手，从"能源双控"转向"碳排放双控"，持续降低碳排放强度，按期完成碳排放履约要求，积极开展节能降碳技术研究，推动CCER 项目申报，做好应对气候变化各项工作。本章内容将碳

76

资产和碳交易管理作为重点。

工作内容

1. 火电碳排放管理

（1）发电企业应按照《企业温室气体排放核算与报告指南　发电设施》要求，结合企业生产能力和设备情况，组织编制年度温室气体排放《数据质量控制计划》。

（2）发电企业按照《企业温室气体排放核算与报告指南　发电设施》等要求，在每月结束后的 40 个自然日内，通过管理平台上传燃料的消耗量、低位发热量、元素碳含量、购入使用电量、发电量、供热量、运行小时数和负荷（出力）系数以及排放报告辅助参数（包括供热比在内的 9 个"仅报告、不核查"用于交叉验证的辅助参数）等数据及其支撑材料。

（3）发电企业应配合生态环境主管部门委托的第三方及第四方机构开展年度温室气体排放核算、复查工作。

发电设施温室气体排放核算和报告工作内容包括核算边界和排放源确定、数据质量控制计划编制与实施、化石燃料燃烧排放核算、购入使用电力排放核算、排放量计算、生产数据信息获取、定期报告、信息公开和数据质量管理的相关要求。

核查人员根据发电企业提供的核查资料，对温室气体排放量相关数据和变化量进行分析和比较，编写相应的详细报告，包括项目基本情况，变更过程，排放变化量、计算结果等。核查后向发电企业提出不符合项，待整改闭环后，提报生态环境主管部门审核。

（4）发电企业应申请开通全国碳排放市场登记平台和交易平台账户，可采用协议转让、单向竞价或者其他符合规定的方式，进行碳排放配额和 CCER 等交易，用于企业金融活动或碳履约工作。

（5）发电企业按照生态环境主管部门相关文件通知要求，在规定的时间内完成碳排放配额清缴履约。发电企业碳排放配额不足以完成履约的，需通过购买补足，富余配额可交易出售或留下后续使用。

2. CCER 项目开发

（1）CCER（国家核证自愿减排量）实施范围：依据《温室气体自愿减排交易管理暂行办法》的规定，农业林业、清洁能源、交通运输等项目，可根据生态环境部备案的方法学开发为 CCER 项目。

（2）CCER 项目的开发流程沿袭了清洁发展机制（CDM）项目的框架和思路，主要包括项目文件设计、项目审定、项目备案、项目实施与监测、减排量核查与核证、减排量签发。

（3）CCER 由生态环境部认定的第三方核查机构对项目审核和审定后，在碳排放注册登记系统中进行减碳量签发。

（4）发电企业可在碳排放市场进行 CCER 交易用于碳排放配额清缴履约，可使用 CCER 抵消不超过年度碳排放总量

5% 的碳排放配额。

📝 管理要点

（1）发电企业要建立碳排放数据监测管理体系，确保碳排放数据的真实可靠，避免因为数据监测或记录错误给企业带来损失。

（2）《数据质量控制计划》包括公司排放边界、排放源、活动水平及数据来源、排放因子及数据来源等信息，每年 12 月 31 日前通过全国碳市场管理平台填报次年《数据质量控制计划》，经生态环境主管部门审批后执行。

（3）发电企业碳排放月度存证过程中，应组织自查，确保存证信息的完整性、准确性、一致性和合理性。

（4）化石燃料的低位发热量和元素碳含量，应按规定进行实测，出具的检测报告须加盖 CMA 或 CNAS 标识章，避免未开展实测被迫采用缺省值计算而造成的碳排放量增加。

（5）发电企业应按照《企业温室气体排放核算与报告指南　发电设施》要求，开展电能表、皮带秤等计量工器具定期检验工作，保证计量数据准确性。

（6）发电企业供热量、供热煤耗、供热比等数据计算方式，应符合《企业温室气体排放核算与报告指南　发电设施》计算和数据保留小数点位数的要求，避免出现核算结果与生产统计系统数据不一致的情况发生。

法规标准

（1）《碳排放权交易管理办法（试行）》；

（2）《企业温室气体排放报告核查指南（试行）》；

（3）《企业温室气体排放核算与报告指南　发电设施》（环办气候函〔2022〕485号）；

（4）《温室气体自愿减排交易管理办法（试行）》（生态环境部　部令第31号）。

第十一节　生态补偿管理

📑 工作介绍

　　生态补偿是指在对生态环境自然资源开发利用或污染破坏后通过整治修复等手段恢复原有生态环境系统功能行为。发电企业项目运营期环境生态补偿管理的主要内容是增殖放流和生态环境损害赔偿。

📖 工作内容

1. 增殖放流

增殖放流是采用人工方式向海洋、江河、湖泊等公共水域放流水生生物苗种或亲体的一种生态补偿方式，用以补充和恢复水生生物资源群体，改善水域水质生态环境，维护生物多样性和水域生态安全，促进渔业发展。

发电企业应当按照本企业环评及批复文件的要求定期实施增殖放流，如环评及批复文件中未明确增殖放流具体实施方式，则应与实施地渔业行政主管部门协商确定。

增殖放流活动应科学制定实施方案，明确放流实施单位、资金投入、苗种生产单位以及拟放流时间地点和放流种类、数量、规格，并提前15日报请渔业行政主管部门审查备案。

发电企业增殖放流活动应在渔业行政主管部门的监督下公开进行，可邀请当地渔民、有关科研单位和社会团体等方面的代表参加、见证。环保管理人员在实施增殖放流过程中应做好记录评估，在实施完成后将相关资料及时归档保存，并通过企业网站等便于公众知晓的方式将放流实施情况对外公示。

2. 生态环境损害赔偿

发电企业在生产运营过程中，因实施建设工程、非法排污或发生突发环境事件，造成区域生态环境污染破坏等严重后果的，除应接受有关行政处罚外，还应当承担生态环境损害赔偿责任，依法积极配合生态环境损害赔偿相关工作，参与索赔磋商，实施修复，全面履行赔偿义务。

生态环境损害可以修复的，应当修复至生态环境受损前的基线水平或者生态环境风险可接受水平；对无法修复的，应当依法赔偿相关损失和生态环境损害赔偿范围内的相关费用，或者在符合有关生态环境修复法规政策和规划的前提下，开展替代修复，实现生态环境及其服务功能等量恢复。

生态环境损害赔偿主要包括：清污费用、修复费用、生态环境修复期间服务功能损失、生态环境功能永久性损害和调查、鉴定评估等相关合理费用，但不包括因污染环境、破坏生态所造成的人身伤害赔偿、财产损失赔偿和海洋生态环境损害赔偿。其一般程序为：损害调查与鉴定评估、损害索赔磋商与修复方案编制、签订赔偿协议、限期有效修复与效果评估。

生态环境损害司法鉴定评估由生态环境主管部门组织，涉事企业可与生态环境主管部门共同确定具有相应资质的司法鉴定评估机构和专家。在生态环境损害赔偿协议签署后，涉事企业可自行或委托社会第三方机构按照修复方案修复受损生态环境或实施等量恢复。在修复工作完成后，由生态环境主管部门组织对修复效果进行评估验收。

📝 管理要点

（1）发电企业用于增殖放流的人工繁殖的水生生物物种，应当来自有资质的生产单位。其中，属于经济物种的，应当来自持有《水产苗种生产许可证》的苗种生产单位；属于珍稀、濒危物种的，应当来自持有《水生野生动物驯养繁殖许可证》

的苗种生产单位。

（2）用于增殖放流的亲体、苗种等水生生物应依法经检验检疫合格，物种应当是本地种，宜选择具有公有性特征、以洄游性鱼类为重点的游泳动物，确需放流其他苗种的，应当通过省级以上渔业行政主管部门组织的专家论证。禁止使用外来种、杂交种、转基因种以及其他不符合生态要求的水生生物。

（3）增殖放流时间宜在禁渔期内，地点宜选择水利条件较好的禁渔区以及其他开阔水域。

（4）发电企业因同一生态环境损害行为需要承担行政责任或者刑事责任的，不影响其依法承担生态环境损害赔偿责任，即不得"以赔代罚"。但如其积极履行赔偿责任，可以作为从轻、减轻或者免予处理的情节。

📋 法规标准

（1）《中华人民共和国渔业法》；

（2）《水生生物增殖放流管理规定》；

（3）《关于印发〈中国水生生物资源养护行动纲要〉的通知》（国务院　国发〔2006〕9号）；

（4）《生态环境损害赔偿制度改革方案》（中共中央办公厅　国务院办公厅　中办发〔2015〕57号）；

（5）《关于规范环境损害司法鉴定管理工作的通知》（司法部　环境保护部　司发通〔2015〕118号）；

（6）《关于印发〈生态环境损害赔偿管理规定〉的通知》（生态环境部　环法规〔2022〕31号）；

（7）《关于审理生态环境损害赔偿案件的若干规定（试行）》（最高人民法院　法释〔2019〕8号）。

第十二节　清洁生产管理

工作介绍

　　清洁生产管理是指项目在生产运营阶段，不断采取改进设计、使用清洁的能源和原料、采用先进的工艺技术与设备、改善管理、综合利用等措施，从源头削减污染，提高资源利用效率，减少或者避免生产、服务和产品使用过程中污染物的产生和排放的管理过程。发电企业应根据需要对生产和服务实施清洁生产审核，清洁生产审核分为自愿性清洁生产审核和强制性清洁生产审核两种。本节介绍强制性清洁生产审核工作内容，自愿性清洁生产审核参照执行。

工作内容

1. 信息公示

　　实施强制性清洁生产审核的发电企业，应当在强制性清洁生产审核企业名单公布后一个月内，按照《清洁生产审核办法》第八条和第十一条规定，确定本企业清洁

86

生产审核信息公示的具体内容，并在当地主要媒体、企业官方网站或采取其他便于公众知晓的方式公布企业相关信息。

2. 清洁生产审核

（1）审核准备，主要包括组建审核小组、制定审核工作计划、开展清洁生产宣贯培训。

（2）预审核，主要包括评价产排污情况，确定审核重点，设置清洁生产目标，提出和实施无、低费方案。

（3）审核，主要包括审核重点工艺流程，审核重点生产过程输入输出，建立物料平衡体系，分析产废原因，继续提出和实施无、低费方案。

（4）方案的产生和筛选，主要包括产生方案，分类汇总方案，筛选方案，研制方案，继续实施无、低费方案，核定并汇总无、低费方案实施效果。

（5）方案的确定，主要包括对备选的中、高费方案进行评估，推荐可实施方案及审批。

（6）方案的实施，主要包括汇总已实施的无、低费方案的成果，验证已实施的中、高费方案的成果，分析总结已实施方案对企业的影响。

（7）清洁生产审核报告的编写，应全面阐述发电企业的主要产品、产量、产排污状况、生产工艺流程、污染治理状况、清洁生产水平与国内外同行业的比较；在开展审核前和审核后对污染物产生和排放、物耗水平等各项基础数据指标进行前后对比监测和分析总结。

3. 清洁生产审核评估

（1）需要开展清洁生产审核评估的发电企业，应向本地生态环境或节能主管部门提交《清洁生产审核报告》及相应的技术能力证明材料。

（2）本地生态环境或节能主管部门组织专家或委托相关单位成立评估专家组，专家组审阅发电企业提交的有关材料后召开集体会议，参照《清洁生产审核评估评分表》打分界定评估结果并出具技术审查意见。

（3）清洁生产审核评估总分低于 70 分的发电企业应重新开展清洁生产审核工作；总分为 70~90 分的发电企业，应按专家意见补充审核工作，完善审核报告，上报主管部门审查后，方可继续实施中／高费方案；总分高于 90 分的发电企业，可依据方案实施计划推进中／高费方案的实施。

4. 清洁生产审核验收

（1）需要开展清洁生产审核验收的发电企业，应向负责验收的生态环境或节能主管部门提交《清洁生产审核评估技术审核意见》《清洁生产审核验收报告》，及清洁生产方案实施前、后发电企业自行监测或委托有相关资质的监测机构提供的污染物排放、能源消耗等监测报告。

（2）负责清洁生产审核验收的生态环境或节能主管部门组织专家或委托相关单位成立验收专家组，开展现场验收。现场验收程序包括听取汇报、材料审查、现场核实、质询交流、形成验收意见等。

（3）依据《清洁生产审核验收评分表》综合得分达到60分及以上的发电企业，其验收结果为"合格"。对于验收"不合格"的发电企业，应重新开展清洁生产审核。

📝 工作要点

（1）实施强制性清洁生产审核的发电企业，应当在强制性清洁生产审核企业名单公布后两个月内开展清洁生产审核。

（2）实施强制性清洁生产审核的发电企业，两次清洁生产审核的间隔时间不得超过五年。

（3）实施强制性清洁生产审核的企业，应当在名单公布之日起一年内，完成本轮清洁生产审核并将清洁生产审核报告报当地县级以上主管部门。

（4）具备开展清洁生产审核物料平衡测试、能量和水平衡测试的基本检测分析器具、设备或手段，拥有熟悉相关行业生产工艺、技术规程和节能、节水、污染防治管理要求的技术人员的发电企业，可自行独立组织开展清洁生产审核。

（5）发电企业环保管理人员应重点关注，委托开展清洁生产审核的咨询服务机构是否具备《清洁生产审核办法》第十六条规定的条件。

📋 法规标准

（1）《中华人民共和国清洁生产促进法》；

（2）《清洁生产审核办法》（国家发展和改革委员会　环境保护部令　第 38 号）；

（3）《清洁生产审核评估与验收指南》。

第十三节　涉金融环保管理

📋 工作介绍

涉金融环保管理是指发电企业在项目运营期环保管理涉及金融方面的工作，与发电企业生产经营密不可分。主要内容包括环保电价补贴、环境保护税、排污权管理、政策补助专项资金、绿色金融和环境信用评价等。

📋 工作内容

1. 环保电价补贴

| 环保电价 |

燃煤发电机组在通过烟气在线自动监测设施验收和先期验收后，火电企业可向价格主管部门和生态环境主管部门申请环保电价补贴，电价加价标准根据各地政策执行。

环保电价按照污染物种类（二氧化硫、氮氧化物和烟尘）分项加价和考核，单项污染物小时排放浓度超过执行标准的不得获取电价加价，但不影响其他污染物种类的电价补贴政策执行。环保电价兑付采取"先兑现后罚没"的原则，即先根据机组发电量与电价款一起全额兑现支付，再经年度核查后对不符合环保电价获取条件时段的电价补贴进行罚没。

┃超低排放电价┃ ━━━━━━━━━━━━━━━━━━━ ▶▶

火电企业在取得环保电价补贴的同时，机组大气污染物排放浓度基本符合燃气机组排放的超低限值（即在基准氧含量6%条件下，烟尘、二氧化硫、氮氧化物排放浓度分别不高于10、35、50mg/m^3）要求的，通过有关验收后，可申请执行超低排放电价补贴政策。超低排放电价补贴实行"事后兑付、按季结算"，对机组运行时间中各污染物排放均符合超低限值的时间比率达到或高于99%的，可全额获取电价补贴；对符合超低限值的时间比率低于99%但达到或超过80%的机组，电价补贴款将在执行时间比率折扣的基础上扣减10%；对符合超低限值的时间比率低于80%的机组，该季度不享受电价加价政策。

2.环境保护税

发电企业向外环境排放大气及水污染物或不规范贮存处置固体废物、超标排放噪声等应缴纳环境保护税。应税大气及水污染物按照排放口分别征收，按照污染物排放量折合的污染当量数计税，应税额为污染当量数乘以具体适用税额；应税固体废物按照违规排放量计税，应税额为违规排放量乘以具体适用税额；应税噪声按照超过国家标准限值的分贝数计税，应税额为超标分贝数对应的具体适用税额。各类污染物的具体征收项目和适用税额依照地方政策标准执行。

环境保护税实行税收减免政策，非道路移动机械等移动污染源排放污染物免征税。排放应税大气污染物或者水污染物的浓度值低于规定排放标准一定比例的，可享受相应标准的折扣。

环境保护税按月计算、按季度缴纳，不能固定期限的可按次缴纳。发电企业应主动在税务平台按时申报缴纳环境保护税，准确上报应税污染物的种类、数量和排放浓度值等数据，严格履行企业纳税义务。

3. 排污权管理

国家推行排污权有偿使用和交易，排污权核定及交易的污染物种类具体按照地方规定执行。原则上，现有发电企业的排污权由生态环境主管部门根据控制要求、行业情况、企业现状等进行核定。新、改、扩建项目的排污权，根据环评及批复文件核定。排污权核定后以排污许可证形式予以确认。

发电企业购买排污权以缴费或交易等有偿方式取得，采取同行业或同流域定额出让方式，对于新、改、扩建项目原则通过参与公开拍卖方式取得。在规定期限内，发电企业对排污权拥有使用、转让和抵押等权利，可用于融资、租赁和贷款。

4. 政策补助专项资金

国家设立污染防治和节能减排补助专项资金，计划实施节能环保改造的发电企业可向环保、发改、工信等主管部门提出申请，按照要求如实填报申请表单，编写申请报告，提交项目可研、立项、固定资产投资备案及能评、环评文件等相关材料。资金申请获得批准后，发电企业应按照建设目标计划尽快组织项目实施，定期反馈完成进度并及时上报变化调整情况，积极配合主管部门的监督检查、评估验收和资金审计，确保资金使用合规、改造实现预期目标。

5. 绿色融资

绿色融资包括绿色信贷、绿色基金、绿色债券等，其中绿色信贷是绿色融资最重要的组成部分。通过建立环境准入门槛和优惠政策，选择性进行贷款发放等资金支持，为生态环保产业项目融资。

发电企业进行"绿色融资"的基本前提是环境信用可靠，且资金用于实施绿色项目。企业的环境信用评价等级和定期发布的环境信息依法披露报告、ESG 报告是企业在环境、社会和治理方面的综合体现，是金融机构提供绿色融资支持的重要参考依据。

6. 环境污染责任保险

环境污染责任保险是以企业发生污染事故对第三者造成的损害依法应承担的赔偿责任为标的的保险。发电企业作为投保人，依据保险合同按一定的费率向保险公司预先交纳保险费，就可能发生的环境风险事故在保险公司投保，一旦发生突发、意外环境污染事故，可由保险公司替代发电企业进行经济赔偿。

投保环境污染责任保险的发电企业在发生环境污染事故后，应当立即采取必要、合理的措施，有效防止或减少损失，及时通知保险公司，书面说明事故发生的原因、经过和损失情况，并保护事故现场、保存事故证据资料，协助保险公司开展事故勘查、定损和理赔。

7. 企业环境信用评价

企业环境信用评价实行强制与自愿相结合的原则，由生态环境主管部门组织实施。污染物排放总量大、环境风险高、生态环境影响大的发电企业，将被纳入环境信用评价范围。企业环境信用评价的主要内容包含污染防治、生态保护、企业管理和社会监督等方面。环境信用等级划分为环保诚信企业、环保良好企业、环保警示企业和环保不良企业等四个等级。企业环境信用评价采用评分制，评价周期原则上为一年。评价结果将对发电企业的部分行政许可申请、评先创优、金融支持、环境污染责任保险费率、政策补助、专项资金申请等造成影响。

📝 管理要点

（1）燃煤发电机组并网运行过程中，单项污染物超过排放执行标准的，将对对应时段的环保电价款予以没收，超过执行标准1倍的时段，处超限时段环保电价5倍的罚款。

（2）发电企业虚假纳税申报、不正常运行污染防治设施、篡改伪造监测数据或暗管渗坑排放污染物的，将以当期污染物产生量作为排放量进行计税补缴。

（3）政策补助专项资金实行专款专用，不得截留或移作他用，应开设项目专户并建立单独账目用于资金管理和项目结算。

（4）发电企业在投保环境污染责任保险时，要对保险公司资质、信誉等进行详细审核，正确评估其在污染事故发生时的赔付能力。

（5）对于积极投保的高环境风险发电企业，生态环境主管部门将会同财政部门和银行业金融机构，在环保专项资金申请和融资信贷方面给予一定支持。

（6）企业环境信用评价期内存在未执行环境保护"三同

时"制度、"未批先建"、"未验先投"、污染物排放总量超出许可限值、旁路及暗管排污、挂牌督办整改未闭环、重污染天气应急响应措施执行不力以及发生较大以上突发环境事件的企业可能被"一票否决",直接评定为"环保不良企业"（具体以属地环境信用评价政策为准）。

📋 **法规标准**

（1）《中华人民共和国环境保护税法》；

（2）《中华人民共和国环境保护税法实施条例》；

（3）《燃煤发电机组环保电价及环保设施运行监管办法》（发展改革委　环境保护部　发改价格〔2014〕536号）；

（4）《关于实行燃煤电厂超低排放电价支持政策有关问题的通知》（发展改革委　环境保护部　发改价格〔2015〕2835号）；

（5）《关于环境保护税有关问题的通知》（财政部　税务总局　生态环境部　财税〔2018〕23号）；

（6）《关于明确环境保护税应税污染物适用等有关问题的通知》（财政部　税务总局　生态环境部　财税〔2018〕117号）；

（7）《海洋工程环境保护税申报征收办法》（国家税务总局　国家海洋局　国家税务总局公告〔2017〕第50号）；

（8）《关于进一步推进排污权有偿使用和交易试点工作的

指导意见》（国务院办公厅　国办发〔2014〕38号）；

（9）《关于修改〈节能减排补助资金管理暂行办法〉的通知》（财政部　财建〔2020〕10号）；

（10）《关于落实环保政策法规防范信贷风险的意见》（国家环境保护总局　中国人民银行　中国银行业监督管理委员会　环发〔2007〕108号）；

（11）《关于构建绿色金融体系的指导意见》（人民银行等7部委　银发〔2016〕228号）；

（12）《关于印发〈绿色信贷指引〉的通知》（银监会　银监发〔2012〕4号）；

（13）《关于发布〈中国绿色债券原则〉的公告》（绿色债券标委会〔2022〕1号）；

（14）《关于开展环境污染强制责任保险试点工作的指导意见》（环境保护部　保监会　环发〔2013〕10号）；

（15）《关于环境污染责任保险工作的指导意见》（国家环境保护总局　保监会　环发〔2007〕189号）；

（16）《关于印发〈企业环境信用评价办法（试行）〉的通知》（环境保护部　发展改革委　人民银行　银监会　财综〔2021〕11号）。

第三章

项目停运后环保管理

第一节　项目修复管理

🔲 工作介绍

项目修复管理是指对污染地块或疑似污染地块进行土壤污染风险和修复相关活动的工作，主要包括土壤污染状况调查、风险评估、风险管控、治理与修复及效果评估等活动。按照"谁污染，谁治理"原则，造成土壤污染的发电企业应当承担治理与修复的主体责任。

🔲 工作内容

发电企业在以下情形须开展污染地块修复相关活动：拟收回土地使用权的，已收回土地使用权的，以及用途拟变更为居住用地和商业、学校、医疗、养老机构等公共设施用地的。

1. 土壤污染状况调查

（1）发电企业委托专业机构开展第一阶段土壤污染状况调查，该阶段以资料收集、现场踏勘和人员访谈为主，原则上不进行现场采样分析。若第一阶段调查确认地块内及周围区域当前和历史上均无可能的污染源，则认为地块的环境状况可以接受，调查活动可以结束。

（2）若第一阶段土壤污染状况调查表明地块内或周围区域存在可能的污染源，或无法排除地块内外存在污染源时，发电企业应委托专业机构开展第二、三阶段土壤污染状况调查。第二阶段以采样与分析为主，确定污染物种类、浓度和空间分布。第三阶段以补充采样和测试为主，该阶段的调查工作可单独进行，也可在第二阶段调查过程中同时开展。

（3）每一阶段土壤污染状况调查后，发电企业应要求被委托单位出具调查报告。第一、二阶段报告应对调查过程和结果进行分析、总结和评价，给出结论和建议，开展不确定性分析；第三阶段报告应提供满足风险评估及土壤和地下水修复所需的参数。

2. 土壤污染风险评估

（1）发电企业委托专业机构开展土壤污染风险评估工作，内容包括危害识别、暴露评估、毒性评估、风险表征，以及土壤和地下水风险控制值的计算。

（2）在风险表征的基础上判断计算得到风险值，如地块风险评估结果未超过可接受风险水平，则结束风险评估工作。

（3）如地块风险评估结果超过可接受风险水平，或调查结果表明土壤中关注污染物可迁移进入地下水，则计算提出关注污染物的土壤和地下水风险控制值。

3. 风险防控

（1）对暂不开发利用的污染地块，发电企业实施以防止污染扩散为目的的风险管控。

（2）对拟开发利用为居住用地和商业、学校、医疗、养老机构等公共设施用地的污染地块，发电企业实施以安全利用为目的的风险管控。

（3）发电企业委托专业机构编制污染地块风险管控方案，及时上传污染地块信息系统，同时抄送所在地县级人民政府，并将方案主要内容通过便于公众知晓的方式向社会公开。

4. 治理与修复

（1）对风险值超过可接受风险水平的地块区域划为污染地块，当其拟开发利用为居住用地和商业、学校、医疗、养老机构等公共设施用地时，发电企业应开展治理与修复。

（2）发电企业应委托专业机构编制污染地块土壤修复方案，并及时上传至污染地块信息系统。

（3）发电企业应委托专业机构进行污染地块土壤修复施工。

5. 治理与修复效果评估

治理与修复工程完工后，发电企业应当委托第三方机构按照国家有关环境标准和技术规范，开展治理与修复效果评估，编制评估报告，及时上传至污染地块信息系统，并通过便于公众知晓的方式公开，公开时间不得少于两个月。

📝 管理要点

（1）发电企业选择具有专业能力的机构开展进行土壤污染风险和修复相关活动时，可在"建设用地土壤污染风险管控和修复从业单位和个人执业情况信用记录系统"查询从业单位和个人信用记录。

（2）可接受风险水平是对暴露人群不会产生不良或有害健康效应的风险水平，包括致癌物的可接受致癌风险水平和非致癌物的可接受危害商，即单一污染物的可接受致癌风险水平为 10^{-6}，单一污染物的可接受危害商为 1。

（3）发电企业应当在工程实施期间，将治理与修复工程方案的主要内容通过便于公众知晓的方式向社会公开。

（4）污染地块治理与修复期间，应采取措施，防止对地块及其周边环境造成二次污染；治理与修复过程中产生的废水、废气和固体废物，应按照国家有关规定进行处理或者处置，并达到国家或者地方规定的环境标准和要求。

（5）治理与修复工程原则上应在原址进行；确需转运污染土壤的，发电企业或者其委托的专业机构应当将运输时间、方式、线路和污染土壤数量、去向、最终处置措施等，提前 5 个工作日向所在地和接收地设区的市级生态环境主管部门报告。

📑 **法规标准**

（1）《中华人民共和国土壤污染防治法》；

（2）《污染地块土壤环境管理办法（试行）》（环境保护部令 第 42 号）；

（3）《建设用地土壤环境调查评估技术指南》（环境保护部公告 2017 年 第 72 号）；

（4）《建设用地土壤污染风险管控和修复名录及修复施工相关信息公开工作指南》（生态环境部公告 2021 年 第 71 号）；

（5）《建设用地土壤污染状况调查、风险评估、风险管控及修复效果评估报告评审指南》（环办土壤〔2019〕63 号）；

（6）《建设用地土壤污染风险管控和修复从业单位和个人执业情况信用记录管理办法（试行）》（环土壤〔2021〕53 号）；

（7）GB 36600《土壤环境质量 建设用地土壤污染风险

管控标准（试行）》；

（8）HJ 682《建设用地土壤污染风险管控和修复术语》；

（9）HJ 25.1《建设用地土壤污染状况调查技术导则》；

（10）HJ 25.2《建设用地土壤污染风险管控和修复监测技术导则》；

（11）HJ 25.3《建设用地土壤污染风险评估技术导则》；

（12）HJ 25.4《建设用地土壤修复技术导则》；

（13）HJ 25.5《污染地块风险管控与土壤修复效果评估技术导则（试行）》；

（14）HJ 25.6《污染地块地下水修复和风险管控技术导则》。

第二节　排污许可注销管理

📖 工作介绍

　　项目停运后排污许可管理是指项目依法终止不再排放污染物的，不再需要排污许可证的情况下，向生态环境部门申请注销许可证，对排污许可证注销、排污权处置的过程。

📑 工作内容

1. 注销申请报告

发电企业在生产设备停运关闭不再生产后，应向当地环境保护主管部门提交书面排污许可证注销申请，说明注销排污许可证的原因和具体情况。

2. 注销执行

（1）发电企业收到排污许可证注销通知书后，应当在规定的时间内，将排污许可证交还给环境保护主管部门。环境保护主管部门在全国排污许可证管理信息平台注销本企业排污许可证。

（2）环境保护主管部门在收到发电企业排污许可证后，会对该许可证进行注销，并将注销信息公示。发电企业可在排污许可证管理信息平台业务办理查询登记注销情况。

3. 排污许可执行停止

（1）注销排污许可证后，发电企业不再执行排污许可执行月度、季度、年度等定期报告要求。

（2）注销排污许可证后，发电企业需在全国污染源共享平台填写不开展自行监测的理由。

4. 排污权处置

（1）发电企业可在市（州）环境保护主管部门申请注销排污许可证前，排放指标可以用于市场交易。由市（州）政府组织交易排污权的买、卖双方开展排污权的交易。

（2）发电企业可在全国排污许可证管理信息平台业务办

理界面，查询登记表变更情况。

📝 管理要点

（1）发电企业应该跟踪环境保护主管部门申请排污许可注销申请进行审核情况，确认企业符合注销条件后，环境保护主管部门会发出注销通知书。环境保护主管部门在收到排发电企业污许可证后，会对该许可证进行注销，并将注销信息公示，发电企业应该关注信息公示情况。

（2）排污许可证有效期届满，排污单位需要继续排放污染物的，应当于排污许可证有效期届满 60 日前向审批部门提出申请。审批部门应当自受理申请之日起 20 日内完成审查；对符合条件的予以延续，对不符合条件的不予延续并书面说明理由。

（3）排污权有偿使用流程包括开设排污权账户、排污权有偿使用申请与核定、排污权有偿使用费缴纳、排污权登记、许可证变更。

📋 法规标准

（1）《排污许可管理办法（试行）》（环境保护部部令　第48 号）；

（2）《中华人民共和国行政许可法》（2003 年修正）；

（3）《排污许可管理条例》（中华人民共和国国务院令　第

736 号）；

（4）《关于印发〈排污权出让收入管理暂行办法〉的通知》（财税〔2015〕61 号）。